配电网馈线故障辨识的最优化技术

郭壮志 著

黄河水利出版社
·郑州·

内 容 提 要

本书紧密围绕配电网自动化背景下馈线故障辨识的最优化技术开展研究,主要内容由配电网自动化基础、约束最优化理论、配电网故障辨识的最优化技术三部分组成,其中配电网故障辨识的最优化技术是本书的技术核心,涉及配电网故障定位的矩阵辨识技术、群体优化技术、线性整数规划技术、互补优化技术和辅助因子技术。

本书可作为从事配电网自动化领域工作的科研人员、工程技术人员和技术管理人员的参考书,也可作为普通高等院校电力系统及其自动化专业研究生的辅导教材。

图书在版编目(CIP)数据

配电网馈线故障辨识的最优化技术/郭壮志著.—
郑州:黄河水利出版社,2017.6
ISBN 978 - 7 - 5509 - 1755 - 2

Ⅰ.①配… Ⅱ.①郭… Ⅲ.①配电系统 - 馈电设备 - 故障诊断 - 最佳化 Ⅳ.①TM727

中国版本图书馆 CIP 数据核字(2017)第 109955 号

组稿编辑:陶金志 电话:0371 - 66025273 E-mail:838739632@qq.com

出 版 社:黄河水利出版社
地址:河南省郑州市顺河路黄委会综合楼 14 层 邮政编码:450003
发行单位:黄河水利出版社
发行部电话:0371 - 66026940、66020550、66028024、66022620(传真)
E-mail:hhslcbs@ 126. com
承印单位:河南承创印务有限公司
开本:787 mm × 1092 mm 1/16
印张:11
字数:190 千字 印数:1—1 000
版次:2017 年 6 月第 1 版 印次:2017 年 6 月第 1 次印刷
定价:38.00 元

前　言

　　配电网故障区段定位对于提高配电网自愈性和运行可靠性具有重要作用。随着配电网自动化终端设备的广泛应用,基于设备过电流信息的故障区段间接定位方法因原理简单、实现便捷且具有较高容错性能而成为该领域研究的热点,其中基于群体智能优化算法的配电网故障区段定位方法近几年被大量研究,取得了丰硕的成果,众多新型的群体智能算法被应用于该领域。

　　基于群体智能算法的配电网故障区段定位的基本思想是基于逼近理论和最小故障诊断集概念,构建故障定位离散优化数学模型,利用群体智能算法找出最能解释所有自动化设备上传的故障电流报警信息的馈线短路故障区段。大量的理论研究表明:该类故障定位方法只需要对设备进行 0 – 1 编码,利用优化目标来描述故障设备的过流信息逼近关系,具有建模原理清晰简单、程序实现容易的优点,采用逼近思想构建的故障定位模型不仅具有较强的通用性,而且在进行故障区段辨识时具有较高的容错性能,并可直接采用新型高效的群体智能算法进行优化决策。但目前上述方法的固有缺陷在于:①0 – 1 离散故障定位模型是基于逻辑值关系描述进行构建的,不能够采用高效的梯度算法或松弛方法进行决策求解;②采用群体智能算法进行优化时理论上具有全局收敛性,但在实际决策时因优化搜索存在随机性,将会因算法早熟而产生数值稳定性问题,从而造成故障定位结果具有一定的不确定性;③因只能采用群体智能优化算法进行求解,在应用于大规模配电网故障定位时将存在决策效率低的缺点。对基于群体智能算法的间接故障定位方法进行综合分析易于得出,基于逻辑关系描述进行故障定位模型构建是导致配电网区段间接定位模型上述缺陷的根本原因。因此,建立以非逻辑关系描述为基础的故障区段辨识模型成为有效克服当前间接故障定位模型和算法不足之处的关键。

　　本书是在河南省科技发展计划项目——面向智能配网的高容错性在线故障定位方法研究(172102210104)的资助下完成的。本书主要围绕配电网自动化背景下最优化技术在配电网故障定位中的应用问题开展研究,其主要内容包括以下 9 章:

　　第 1 章绪论。阐述了配电网故障定位技术的研究背景;简要介绍了配电网的概念及分类;简要分析中压配电网的典型接线模式、优缺点与选择方法;

简要介绍了配电网中性点接地方式的概念与分类,分析了中性点接地方式对电压、故障电流、通信可靠性等的影响,简要分析了中性点接地方式对配电网供电可靠性的影响;分析了配电网中性点接地方式选择的方法;阐述了配电网自动化背景下的馈线故障区段辨识最优化技术的发展。

第2章配电网远方控制馈线自动化。简要介绍了配电网馈线自动化的发展;介绍了重合器、断路器、分段器三种馈线自动化开关设备的结构特点与功能,概括了其配置方法与原则;简要介绍了智能化终端设备 FTU 的概念、组成和功能及配置方法;概括总结、简要分析和比较两种远方控制馈线自动化模式的结构、故障定位过程、优缺点等;简要介绍了配电网 SCADA 的功能特点、系统组成及其与配电网集中智能型馈线自动化间的关系等内容;简要介绍了配电网 GIS 的功能特点、监控对象与任务、系统配置及与配电网集中智能型馈线自动化间的关系等内容。

第3章配电网故障辨识最优化基础理论。简要阐述了约束优化问题数学模型、决策解概念及最优化问题建模分析步骤;阐述了配电网故障辨识最优化问题,并分析其故障辨识优化模型的通用表达形式;简要介绍了配电网馈线故障辨识的逻辑优化建模和代数建模方案,并针对其群体智能和内点法两类决策方法进行概括总结,分析两类建模方案及决策方法的特点。

第4章配电网馈线故障的矩阵辨识技术。围绕配电网馈线故障的矩阵辨识技术的主题,针对基于规格化处理的馈线故障统一矩阵算法和含附加状态信息的配电网馈线故障统一矩阵算法两类算法进行详细分析与介绍;详细阐述了基于规格化处理的馈线故障统一矩阵算法的基本原理、工程适应性和在末端馈线故障和馈线多重故障区段辨识时的局限性,提出了改进的统一矩阵算法——含附加状态信息的配电网馈线故障统一矩阵算法,并对其建模思路、故障定位算法原理、故障判定原理进行详细阐述。

第5章配电网馈线故障辨识的群体优化技术。围绕着基于群体优化的配电网馈线故障辨识技术,详细阐述了基于遗传算法配电网馈线故障定位的基本原理;以仿电磁学算法的物理学依据为基础,详细论述了算法的理论框架、实现步骤及核心策略的实现方法,并将其应用到配电网故障定位中;详细阐述了环网开环运行配电网故障定位统一数学模型的构建原理及基于仿电磁学算法的实现方法。

第6章配电网馈线故障辨识的线性整数规划技术。围绕着配电网馈线故障辨识的线性整数规划技术,详细阐述了故障定位数学模型建模基本思想、模型参数确定和编码、基于代数关系描述的开关函数模型的构建方法;详细论述了基于代数关系描述的配电网故障定位绝对值数学模型的构建方法,并基于等价转换思想提出配电网故障定位的线性整数规划模型;从理论上分析了配电网故障定位线性整数规划模型的容错性和有效性;详细阐述了基于整数规划的配电网故障定位数学模型工程技术方案和具体实施方式。

第7章配电网馈线故障辨识的互补优化技术。围绕着配电网馈线故障辨识的互补优化技术,针对基于互补优化的配电网故障定位数学模型,详细阐述了建模基本思想、模型参数确定和编码、基于代数关系描述的开关函数模型的构建方法;详细论述了基于代数关系描述的配电网故障定位非线性整数规划数学模型的构建方法,并基于互补约束等价转换思想提出配电网故障定位的互补优化模型;从理论上分析了配电网故障定位互补优化模型的容错性和有效性;详细阐述了基于互补优化的配电网故障定位数学模型工程技术方案和具体实施方式。

第8章配电网馈线故障辨识的辅助因子技术。围绕着配电网馈线故障辨识的辅助因子技术,针对基于辅助因子的配电网故障定位数学模型,详细阐述了建模基本思想、模型参数确定和编码、基于代数关系描述的开关函数模型构建方法;详细论述了配电网故障定位线性方程组数学模型的构建方法,并基于互补约束等价转换思想提出配电网故障辨识的辅助因子技术;阐述了模型决策求解的牛顿-拉夫逊法;从理论上分析了配电网故障定位线性方程组模型的容错性和有效性;详细阐述了基于辅助因子的配电网故障定位数学模型工程技术方案,并进一步论述了配电网故障定位装置的具体实施方式。

第9章总结与展望。对当前已有的配电网故障辨识最优化技术的主要工作和取得的成果进行概括和总结,提出需待进一步研究的内容。

由于编者水平和能力有限,书中内容难免有疏漏之处,敬请广大读者批评指正,以便后续改正。

作 者

2017 年 3 月

目　录

前　言

第1章　绪　论 ……………………………………………… (1)

　　1.1　配电网故障定位技术背景 ……………………………… (1)

　　1.2　配电网的概念及分类 …………………………………… (3)

　　1.3　配电网接线方式 ………………………………………… (4)

　　1.4　配电网中性点接地方式 ………………………………… (13)

　　1.5　配电网自动化系统 ……………………………………… (18)

　　1.6　配电网自动化背景下的馈线故障区段辨识最优化技术 …… (26)

　　1.7　本书主要内容 …………………………………………… (29)

　　参考文献 ……………………………………………………… (30)

第2章　配电网远方控制馈线自动化 …………………………… (32)

　　2.1　引　言 …………………………………………………… (32)

　　2.2　配电网馈线自动化设备与配置 ………………………… (33)

　　2.3　配电网远方控制馈线自动化模式 ……………………… (39)

　　2.4　配电网数据采集与监视控制系统(SCADA) …………… (43)

　　2.5　配电网地理信息系统(GIS) …………………………… (47)

　　2.6　本章小结 ………………………………………………… (49)

　　参考文献 ……………………………………………………… (49)

第3章　配电网故障辨识最优化基础理论 ……………………… (51)

　　3.1　引　言 …………………………………………………… (51)

　　3.2　约束最优化问题的一般描述 …………………………… (52)

　　3.3　配电网馈线故障辨识的最优化问题 …………………… (53)

　　3.4　配电网馈线故障辨识的逻辑优化理论 ………………… (54)

　　3.5　配电网馈线故障辨识的代数优化理论 ………………… (59)

　　3.6　本章小结 ………………………………………………… (63)

　　参考文献 ……………………………………………………… (64)

第4章　配电网馈线故障的矩阵辨识技术 ……………………… (66)

　　4.1　引　言 …………………………………………………… (66)

4.2 配电网拓扑描述 ………………………………………………… (66)

4.3 基于规格化处理的馈线故障统一矩阵算法 ……………… (68)

4.4 含附加状态信息的配电网馈线故障统一矩阵算法 ……… (75)

4.5 本章小结 ……………………………………………………… (81)

参考文献 ………………………………………………………… (82)

第5章 配电网馈线故障辨识的群体优化技术 …………………… (83)

5.1 引 言 ………………………………………………………… (83)

5.2 基于遗传算法的配电网馈线故障辨识原理 ……………… (84)

5.3 仿电磁学算法的基本原理 ………………………………… (90)

5.4 基于仿电磁学算法的配电网故障区段定位基本原理 …… (105)

5.5 配电网故障定位模型的仿电磁学算法实现 ……………… (109)

5.6 基于仿电磁学算法的配电网故障区段定位方法有效性分析

………………………………………………………………… (111)

5.7 本章小结 ……………………………………………………… (113)

参考文献 ………………………………………………………… (114)

第6章 配电网馈线故障辨识的线性整数规划技术 …………… (116)

6.1 引 言 ………………………………………………………… (116)

6.2 基于整数规划的配电网故障定位数学模型 ……………… (116)

6.3 配电网故障定位整数规划模型求解 ……………………… (122)

6.4 配电网故障定位整数规划数学模型有效性分析 ……… (122)

6.5 配电网馈线故障辨识的线性整数规划技术方案 ……… (127)

6.6 本章小结 ……………………………………………………… (130)

参考文献 ………………………………………………………… (131)

第7章 配电网馈线故障辨识的互补优化技术 ………………… (132)

7.1 引 言 ………………………………………………………… (132)

7.2 配电网故障区段定位的互补约束模型 …………………… (132)

7.3 互补约束故障定位模型的光滑优化算法 ………………… (136)

7.4 配电网故障定位互补优化数学模型有效性分析 ……… (138)

7.5 配电网馈线故障辨识的互补优化技术方案 ……………… (143)

7.6 本章小结 ……………………………………………………… (146)

参考文献 ………………………………………………………… (146)

第8章 配电网馈线故障辨识的辅助因子技术 ………………… (148)

8.1 引 言 ………………………………………………………… (148)

8.2 无信息畸变时的故障定位线性方程组模型 ……………… （148）

8.3 基于辅助因子的故障定位容错性方程组模型 ……………… （151）

8.4 配电网故障定位非线性方程组的求解 ……………… （153）

8.5 配电网故障定位辅助因子模型有效性分析 ……………… （154）

8.6 配电网馈线故障辨识的辅助因子工程技术方案 ………… （158）

8.7 本章小结 ……………………………………………… （161）

参考文献 ……………………………………………… （162）

第9章 总结与展望 ………………………………………… （163）

9.1 结论与创新点 ……………………………………… （163）

9.2 有待进一步研究的内容 ……………………………… （164）

第1章 绪 论

1.1 配电网故障定位技术背景

1.1.1 配电网故障定位的背景与意义

电力系统是由发电、变电、输电、配电和用电等环节组成的电能生产与消费一体化系统。在现代化的电力系统中,大型发电厂通常远离负荷中心,其产生的电能需通过高压或超高压输电网送至负荷中心,然后经配电环节中配电网将电能分配给不同电压等级的用户,实现电能的终端消费。可见,配电网处于电力网络的最末端,直接与用户相连接,承担着将高压电源变为农业生产、城市居民及商业用电的任务,配电网若发生故障将直接影响到供电安全性、可靠性、经济性和供电质量等,严重时将造成巨大的经济损失。长期以来,因"重发、轻供、不管用"的管理运行模式,我国的配电网建设落后、自动化水平低、故障频繁,严重影响了人民生活和经济建设的发展。随着配电网规模日趋增加、配电网结构日趋复杂、电力的市场化改革等,配电网的薄弱环节更加突出,配电网供电的安全性和可靠性面临着更加严峻的挑战。

国外的实践经验表明,优化配电网结构、提高配电网管理自动化和智能化水平是提升配电网运行安全性和可靠性的有效技术手段。1990 年在全国城网工作会议上,开始突出强调城市配电网在电力系统中的重要作用,明确要求采取性能优良的电力装备,以提高供电能力、保证供电质量,同时电网公司提出了供电可靠性指标达到99.6%的目标。为达成预期目标,我国开始了配电网改造与配电网自动化建设,经过 20 多年的建设与发展,配电网网架结构得到全面优化,供电能力得到显著改善,新型的配电设备(真空开关设备、六氟化硫型开关设备、调度自动化设备等)、自动化和智能化的电力设备终端、远程监控设备(FTU、RTU、TTU)、通信系统等在配电网广泛应用,使我国配电网的自动化水平得到显著提升,配电网改造及自动化建设对提高我国配电网的供电能力、安全性和可靠性起到了至关重要的作用。

尽管我国配电网网架结构和自动化程度已获得大幅度优化,但因配电网覆盖面广、接线方式复杂、运行环境复杂多变等因素的影响,配电网发生故障很难避免且故障概率高[1],相关统计表明超过85%的故障停电是由于配电网故障造成的[2],大量的事故是由变电站以外的配电线路的意外情况引起的,特别是配电变压器数量多,引发的事故率高,约占配电网事故的90%。因此,提高配电网的供电安全性和可靠性的关键是在线路上解决如何让事故不影响保护开关工作状况的问题。目前对配电网自动化主要以调度为基础,强调对站内设备进行遥调、遥信、遥测等操作,对如何找到线路故障或排除线路故障区域,恢复正常线路的供电,仍然没有切实可行的办法,线路运行人员识别故障线路的工作量并没有得到显著降低,易于造成停电时间长且容易扩大事故范围。

1.1.2 配电网故障区段辨识最优化技术研究的意义

基于配电网故障定位技术研究的必要性的相关描述和分析,要通过配电网自动化技术提升配电网供电的安全性和可靠性,除在调度自动化方面开展相关的工作外,必须加强基于自动化技术的配电线路故障准确快速的辨识方法,基于配电网自动化技术的馈线故障区段定位与隔离方法已成为配电网自动化的重要研究内容。准确快速地辨识出馈线发生故障区段并进行隔离,不仅有利于提高配电网运行的安全性,而且对于提高故障辨识效率、缩短故障范围、提升供电可靠性等方面都有重要作用。

因此,基于配电网自动化技术的配电网故障定位方法已经成为电力领域的研究热点,围绕着配电网单相接地故障和相间短路故障开展了相关研究,提出了多种类型的故障辨识方法。针对单相接地故障主要采用激励信号法,根据所采用信号的不同大致可分为利用外加信号的方法和利用故障信号的方法两类[3-6],在单相接地故障辨识中发挥了重要作用,但该类方法的通用性差,故障辨识的准确性与系统的运行方式有一定关系。

随着自动化开关在配电网中的大量应用,基于自动化开关相互配合的配电网馈线故障区段辨识方法因无须进行专门的通信网络建设,只需要依据自动化开关间的相互配合即可实现故障区段的在线辨识和故障处理,具有实现便捷、经济的特点,与人工巡线相比极大地提高了故障线路的辨识效率[7-9]。但是该类方法面临着动作参数间时间整定配合难题,若整定不合理将会导致故障范围进一步扩大,存在为辨识出故障而需要进行多次自动化开关开闭合的问题,增加了故障定位时间,对系统冲击次数多,不利于电网的运行安全。此外,当配电网运行方式改变时,需要对相关参数进行重新整定,对于网架过于复杂的配电网缺乏强适应性。随着配电网通信技术的完善,基于自动化开关、智能监控终端和集中处理系统的集中智能配电网故障定位技术成为国内的研究热点,该类方法又称为统一矩阵方法,在国内首次由刘健提出[10],其利用远程监控获取的故障电流报警信息,建立配电网故障辨识矩阵,并通过规格化处理实现对配电网故障的辨识。该类方法因其具有实现便捷、判定过程无须进行反复的自动化开关开闭合、建设成本低等优点,成为国内学者研究的热点,围绕着多重故障、末端故障、容错性故障定位等开展研究[11,12],并已经在工程中获得应用,进一步提高了配电网故障定位的准确性和效率。但是该类算法对于多重故障的处理方法缺乏统一建模依据,且处理多重故障能力有限,对于报警信息畸变情况下的故障容错性不强,且缺乏应用的普适性,应用于大规模复杂配电网时受矩阵规格化运算的影响,故障定位效率低。因此,研究具有报警信息畸变强适应性的高容错性配电网故障定位方法成为配电网故障诊断的重要方向。

在国内,孙雅明、卫志农等最早将基于最优化技术的配电网故障定位方法应用于馈线区段辨识[13,14]。理论研究和工程实践表明,基于遗传算法优化技术的配电网故障辨识方法不仅具有建模原理简单、实现便捷的优点,而且具有高容错性和复杂多重故障定位的能力,并具有强的通用性。但是该类方法还存在不完备性,主要体现在:①受限于逻辑建模,必须采用群体智能算法决策求解,因遗传算法等算法自身的随机性,故障定位结果存在一定的不确定性,将会因算法的不确定性导致故障位置的错误辨识;②因采用具有随机试探搜索特征的群体智能算法,应用于大规模配电网的故障定位问题时将存在故障辨识时间长的显著不足。因此,进一步研究具有大规模配电网强适应性和强数值稳定性的基于优化技术的配电网馈线故障辨识方法,对于进一步提升配电网运行的安全可靠性具有重要意义。

1.2　配电网的概念及分类

1.2.1　配电网的概念

电力系统由发电、变电、送电、配电等环节组成,配电网属于配电环节,其从输电网或地区发电厂接受电能并通过配电设施就地分配或按电压逐级分配给各类用户,在结构上其由架空线路、电缆、杆塔、配电变压器、隔离开关、无功补偿电容以及一些附属设施等组成。因此,通常将电力网中主要起分配电能作用的网络称为配电网。

1.2.2　配电网的分类

配电网通常按照电压等级、供电区域、线路的类型等进行分类。

配电网依据电压等级可分为高压配电网(35 ~ 110 kV)、中压配电网(6 ~ 10 kV)、低压配电网(220/380 V)。在负载率较大的特大型城市中,220 kV 电网也有配电功能。

我国中压配电网以 10 kV 电压等级为主。但随着近年来经济的迅猛发展,用电需求急剧攀升,10 kV 配电系统呈现出容量小、损耗大、供电半径短、占用通道多等劣势,配电网建设与土地资源利用的矛盾日益显现,出现了 20 kV 电压等级配电网供电新模式。与 35 kV 电压等级配电网相比,20 kV 电压等级配电网可降低造价、节约土地、减少电压转换环节、集约利用廊道资源。与 10 kV 电压等级配电网相比,20 kV 电压等级配电网供电半径增加 60% ,供电范围扩大 1.5 倍,供电能力提高 1 倍,输送损耗降低 75% ,通道宽度基本相当,在输送功率相同时可减少变电站和线路布点。

依据供电区的功能可分为城市配电网、农村配电网和工厂配电网等。

依据配电线路的类型分为架空配电网、电缆配电网和架空电缆混合配电网等。

1.3　配电网接线方式

中压配电网是高、低压配电网承上启下的环节。10 kV 配电网作为城市中压电网中的主要部分,其地位十分重要,20 kV 配电网逐渐成为负荷密度较大城市的中压配电网供电新模式。本节主要介绍 10 kV、20 kV 配电网的接线方式。

1.3.1　中压配电网 10 kV 接线模式

10 kV 中压配电网由高压变电所的 10 kV 配电装置、开关所、配电所和架空线路或电缆线路等部分组成,其功能是将电力安全、可靠、经济、合理地分配到用户[15]。一般城市的网络由架空线和电缆线混合组成。

1.3.1.1　**架空线接线模式**

中压架空接线建设方便,投资少,主要应用于经济发展水平一般、负荷密度比较低的城区以及城郊。10 kV 中压配电网架空线典型的接线模式可分为放射式接线、树干式接线、"手拉手"环式接线、三回馈线环式接线、三分段三联络环式接线等[16,17]。

1. 放射式接线

图 1-1 所示为单电源放射式接线,其一般应用于城市非重要负荷或者刚开始建设的经济开发区。单电源放射式接线模式的优点在于简单经济,配电线路和高压开关柜数量少、投资小,新增负荷也比较方便,线路可以满负荷运行,但其存在故障影响范围较大、供电可靠性较差等明显缺陷。

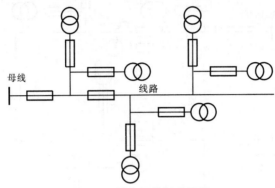

图 1-1 单电源放射式接线

2. 树干式接线

图 1-2 所示为单电源树干式接线,其一般从总降压变电所引出干线,负荷直接从总干线接出的分支线得到供电。单电源树干式接线的优点是总的引出线少、线路架设简单,但缺点在于可靠性差,一旦主干线出现故障,干线上的负荷全部要停电。该类接线方式一般用于三级负荷供电。

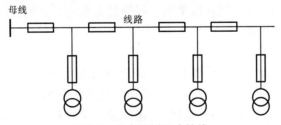

图 1-2 单电源树干式接线

3. "手拉手"环式接线

图 1-3 所示为"手拉手"环式接线,又称为不同母线(变电站)出线的环式接线,在两回线路的末端设置一联络开关,每回线路的负载率为 50%。"手拉手"环式接线适用于负荷密度较大且供电可靠性要求高的城区供电。该模式

的最大优点是可靠性比单电源放射式接线模式大大提高,接线清晰,运行比较灵活。线路故障或者电源故障时,在线路负荷允许的情况下,通过倒闸操作可以使非故障段恢复供电。但由于考虑了线路的备用容量,线路投资将比单电源放射式接线有所增加。

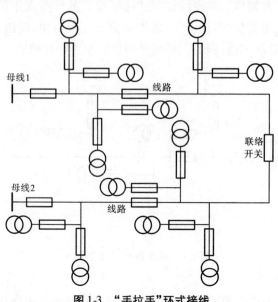

图 1-3 "手拉手"环式接线

4. 三回馈线环式接线

图 1-4 所示为三回馈线环式接线,即通过三回线路的末端设置联络开关,构成环式接线,即不同母线的三回馈线的环式接线,其相应线路负载率仍为50%,可靠性略有提高,同样因考虑了线路的备用容量,线路投资将比单电源放射式接线有所增加。

5. 三分段三联络环式接线

图 1-5 所示为三分段三联络环式接线,通过在主干线上加装分段开关,把每条线路分成 3 段,且每一段都有联络线与其他线路相连。当任一段出现故障时,均不影响其他段线路正常供电,这样使每条线路的故障范围缩小,提高了供电可靠性。其一般应用于负荷发展比较饱和的区域,可靠性最高。联络线的应用提高了架空线的利用率,但同时相应提高了线路建设投资。

1.3.1.2 **电缆接线模式**

中压配电网电缆典型的接线模式主要有单电源辐射型接线、双电源双辐射型接线、单环网接线、双电源出线连接开闭站接线、双环网接线、备用接线

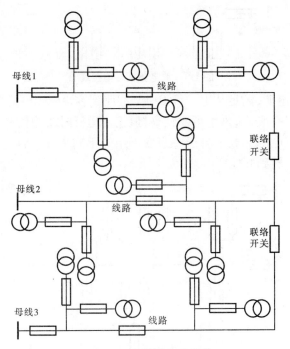

图 1-4　三回馈线环式接线

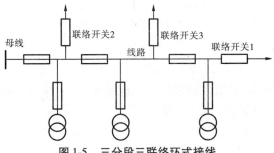

图 1-5　三分段三联络环式接线

等[16,17]。

1. 单电源辐射型接线

图 1-6 为电缆的单电源辐射型接线。与架空线的单电源辐射型接线一样,电缆的单电源辐射型接线比较经济,配电线路较短,投资小,连接新负荷比较方便,但因电缆故障多为永久性故障,故障影响时间较长,其可靠性较差。

2. 双电源双辐射型接线

图 1-7 所示为双电源双辐射型接线。该模式中两回线路可互为备用且从

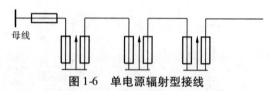

图 1-6　单电源辐射型接线

两个方向得到电源,满足从上一级 10 kV 线路到客户侧 10 kV 配电变压器的整个网络的 N-1 要求,供电可靠性高,但正常运行时线路负载率仅为 50%。此外,该模式双电源一般来自于一座变电站的不同母线,所以如果变电站全停,负荷将难以转到其他变电站上。

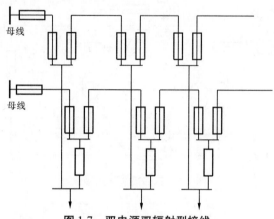

图 1-7　双电源双辐射型接线

3. 单环网接线

图 1-8 所示为单环网接线。与架空线的环式接线模式一样,在电缆供电区域,随着负荷增多,单电源辐射状电缆线路增加,可将两回电缆线路末端接入环网柜,实现"手拉手"单环网接线,其供电可靠性可得到显著提高。该模式结构简单,操作及维护清晰容易,实现配电自动化难度小,可靠性高,但是电缆利用率仅 50%,资源浪费较大,运行方式不太灵活。

4. 双电源出线连接开闭站接线

图 1-9 所示为双电源出线连接开闭站接线。该接线模式开闭站两回进线互为备用,开闭站出线可根据用户的实际要求选择是否采用双电源供电,其优点是可靠性相对较高,可节约输电走廊,主要应用于负荷中心距电源较远,或出线较多、线路走廊困难的情况。实际建设时,常和上述的双电源双辐射型接线同时应用在一个供电区域,相互补充,满足实际供电需求。

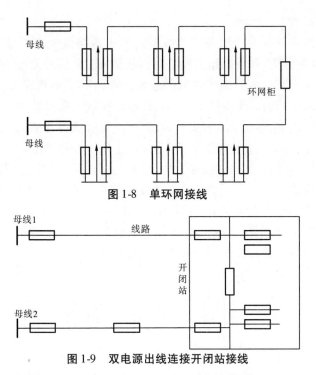

图 1-8　单环网接线

图 1-9　双电源出线连接开闭站接线

5. 双环网接线

图 1-10 所示为双环网接线。该模式中两侧电源互为备用,当任一侧变电站全停电时,通过倒闸操作可以保证两个开闭站的正常供电,能满足"4-1"准则,供电可靠性高。正常运行时每回输电线路的负载率为 50% ,当任意供电区域出现故障时,其负荷可由其他三个供电区域供电,适用于大量采用开闭站供电的区域,如城市核心区、繁华地区,以及负荷密度发展到相对较高水平的地区。

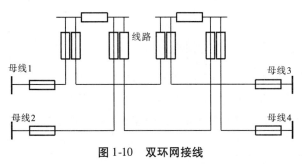

图 1-10　双环网接线

6.备用接线

　　备用接线主要分为专用备用接线模式和主备接线模式。专用备用线的"3-1"环网接线图,每一回路馈线都在其线路未端装设开关与联络线互相连接。正常情况下其中两回馈线供电的最高负荷可达到该电缆安全载流量的100%,剩下的一回馈线作备用。专用备用接线模式节省投资,结构清晰,各线路间的联络线不多,运行方式较灵活,在开环点选择适当的情况下转电操作难度不大,实现配电自动化比较容易,但是要求主供电线路在正常情况下都处于接近满负荷运行状态,而备用线路空载运行。主备接线模式,环网接线每一路馈线都在其线路中间以及末端装设开关互相连接。正常情况下,每回馈线的最高负荷应控制在该电缆安全载流量的66.7%。但是在出现故障,配电网自动化主站系统进行恢复供电时,由于可变条件多而增加软件运算的复杂性,图1-11所示为专用备用接线;图1-12所示为主备用接线。

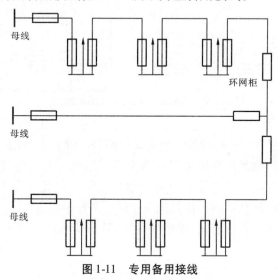

图1-11　专用备用接线

1.3.2　中压配电网20 kV 接线模式

　　长期以来,我国中压配电网主要采用10 kV 电压等级,随着国民经济的高速增长及对电力需求的大幅度增加,负荷密度相应地增长几十倍,甚至上百倍,采用10 kV 电压等级供电无论在经济性上,还是在供电可靠性上都面临着严峻挑战。因此,在一些经济发达、用电需求大、负荷密度高的城市,目前国内如苏州工业园、深圳光明新区、广州中新知识城等地已开始利用20 kV 电压等级给负荷供电。中压配电网20 kV 接线模式分为开环运行模式和合环运行模式。

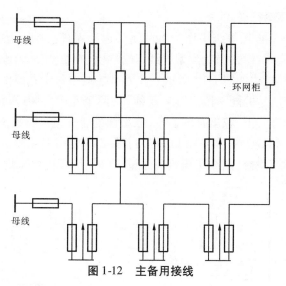

图 1-12   主备用接线

1.3.2.1   开环运行模式

目前,20 kV 电压等级中压配电网开环运行方式主要借鉴 10 kV 电压等级的接线方式。电缆线路的典型接线方式有双放射式接线、单环网接线、双环网接线;架空线路的典型接线方式主要有辐射状接线、双电源 T 接线、备用接线。20 kV 接线模式及优缺点和 10 kV 接线模式大体相同,下面仅介绍一种典型的 20 kV 电压等级的 4×6 配电网接线方式,如图 1-13 所示[18]。该模式四个电源点之间用联络断路器组成全连接,正常运行时分段断路器闭合,联络断路器断开,平均每个供电电源正常运行时负载率为 75%;当某个供电电源发生故障时,该电源所带负荷向其余三个非故障电源转移。线路的利用率和可靠性较传统模式都有较大提高。但是该接线模式通常要求四个电源的容量、线路型号大小相同,正常运行时线路上所带负荷也要较为均衡。

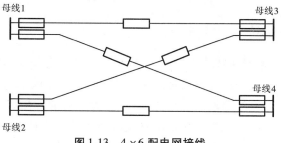

图 1-13   4×6 配电网接线

1.3.2.2 合环运行模式

目前,20 kV 电压等级中压配电网闭环运行模式已在工程中获得应用,比较典型的合环运行模式为花瓣型接线,该模式已在苏州工业园、广州中新知识城获得应用,其接线如图 1-14 所示。花瓣型接线中每个花瓣的两回电源线路来自于同一变电站的同一段 20 kV 母线,每两个花瓣之间通过联络线形成联络。正常运行方式下,花瓣合环运行,联络线处于充电运行状态。若变电站侧 20 kV 母线故障或检修,本花瓣负荷通过联络线转相邻花瓣供电。若变电站侧变压器故障或检修,则本花瓣负荷通过 20 kV 母联转相邻变压器供电[19]。

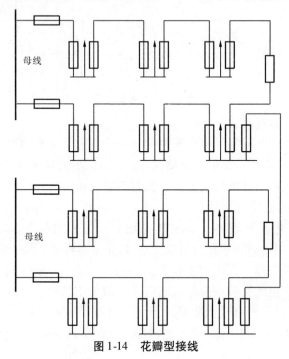

图 1-14 花瓣型接线

1.3.3 配电网接线模式选择

在工程中配电网接线模式的选择要从技术性和经济性双重角度进行考虑。长期以来,我国的配电网大多采用以架空线路为主的辐射式供电形式,供电可靠性低,一旦某线路段发生故障,将会导致下游非故障线路停电,故障影响范围大。随着经济的发展,城市电网及经济发达的农村电网已逐渐改为电缆线路和环网供电方式。

对于架空线路,城市非重要负荷或新建经济开发区可采用单电源辐射状接线模式供电;负荷密度较大且供电可靠性要求高的城区供电可采用双电源接线供电或环网供电;对于负荷发展比较饱和的区域,要求可靠性最高,可采用三分段三联络接线模式。沿海地区城市及中部核心城市一般采用电缆供电,初期建设时一般采用双电源双辐射接线或者双电源出线连接开闭站接线。随着负荷的增长,至负荷饱和时,可采用双环网供电。

1.4 配电网中性点接地方式

1.4.1 配电网中性点接地方式的概念与分类

三相配电网中性点与大地的电气连接称为配电网的中性点接地方式。配电网的中性点接地方式对配电网短路电流大小有直接作用,影响着配电网运行的安全可靠性。

我国配电网典型的中性点接地方式有中性点不接地(对地绝缘)、中性点经消弧线圈接地、中性点经高电阻接地、中性点经小电阻接地、中性点直接接地。总体上可概括为:配电网中性点非有效接地系统,其中中性点不接地(对地绝缘)、中性点经消弧线圈接地、中性点经高电阻接地属于非有效接地;配电网中性点有效接地系统,其中中性点经小电阻接地、中性点直接接地属于有效接地,或称为大电流接地系统[20]。

配电网中性点不同的接地方式有着各自的优势和不足,具体采用何种类型的中性点接地方式是一个综合系统工程[21],需要综合考虑配电网供电安全可靠性和连续性、配电网线路结构、过电压保护和绝缘配合、继电保护构成和跳闸方式、设备安全和人身安全、对通信和电子设备的电磁干扰、配电网故障电流辨识的灵活性等诸多因素。受配电网发展阶段、配电网结构及供电质量要求等因素和条件的影响,应从技术性和经济性双重视角出发,进行综合分析,确定合理的中性点接地方式。

1.4.2 配电网中性点接地方式分析

我国 10 kV 中压配电网长期以来一直采用不接地或经消弧线圈接地的中性点接地方式。当配电网发生单相接地故障时,采用不接地或经消弧线圈接地的中性点接地方式,因短路电流小,在单相接地故障下可不立即采取跳闸隔离故障的措施,有利于提高供电的连续性和可靠性,对通信产生的干扰小,(特别对于故障率高、绝缘可自行恢复的架空线路为主的配电网尤为有效),

因此在我国配电网中性点接地方式中获得了广泛应用。但因单相接地故障时故障电流小，导致故障辨识难度高，此外，正常运行线路的电压升高，系统的绝缘保护配合难度增加，不仅会导致绝缘早期老化，或在薄弱环节发生闪络，而且会引起多点故障，造成断路器异相开断，恶化开断条件。随着配电网自动化技术的发展，目前部分地区已经改为经小电阻接地的系统。因配电网发生单相接地短路故障的概率最高，下面将就配电网中性点接地方式对单相接地故障电流的影响进行分析。

图 1-15 为配电网通用中性点接地方式时单相接地短路故障的原理。设各相对地电容和电导相等，其值分别为 G 和 C，中性点电压为 U_0，系统的频率为 ω，单相接地短路前电压对称，且 A、B、C 三相电压分别为 U_p、$a^2 U_p$、$a U_p$。单相接地短路故障电阻为 G_E。

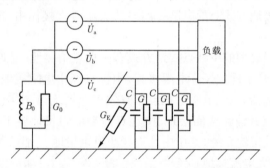

图 1-15　配电网通用中性点接地方式时单相接地短路故障原理

为简化计算，采用电路理论中的基尔霍夫节点电流定律替代不对称故障对称分量法，可计算出中性点的电压为

$$\dot U_0 = \frac{-\dot U_p G_E}{(G_E + G_0 + 3G) + (j3\omega C - jB_0)} \tag{1-1}$$

依据欧姆定律，单相故障接地短路电流通用数学表达式为

$$I_E = (\dot U_0 + \dot U_p)G_E = \left[\frac{-\dot U_p G_E}{(G_E + G_0 + 3G) + (j3\omega C - jB_0)} + \dot U_p\right]G_E$$

$$= \dot U_p G_E \frac{G_0 + 3G + j3\omega C - jB_0}{G_E + G_0 + 3G + j3\omega C - jB_0}$$

$$\tag{1-2}$$

一般电网的绝缘水平都比较高，因此 $G \approx 0$，则单相故障接地短路电流通用数学表达式为

· 14 ·

$$I_E = \dot{U}_p G_E \frac{G_0 + j3\omega C - jB_0}{G_E + G_0 + j3\omega C - jB_0} \tag{1-3}$$

1.4.2.1 中性点不接地

当中性点不接地时，$G_0 = 0$ 和 $B_0 = 0$，其对应的单相故障接地短路电流为

$$\dot{I}_E = \dot{U}_p G_E \frac{j3\omega C}{G_E + j3\omega C} \tag{1-4}$$

其短路电流的有效值为

$$I_E = U_p G_E \sqrt{\frac{9\omega^2 C^2}{G_E^2 + 9\omega^2 C^2}} = \frac{3\omega C U_p}{\sqrt{1 + 9\omega^2 C^2 R_E^2}} \tag{1-5}$$

正常相对地稳态运行电压的有效值为 $\sqrt{3}\, U_p$。

根据式(1-5)可知，单相接地短路故障的接地电阻 R_E 一般比较小，因此对于中性点不接地方式，发生单相接地短路故障时，其短路电流主要由电网对地电容决定，电网对地电容一般很小，所以中性点不接地短路故障的短路电流 I_E 的值比较小，采用该类中性点接地方式可以减小单相接地电流。尤其对于短距离、电压较低的输电线路，因对地电容小，接地电流小，瞬时性故障一般可自动消除，中性点不接地系统接线方式对电网及通信线路的危害较小。但该类中性点接地方式在发生配电网单相接地故障时，会导致非故障相的相电压升级为线电压，对系统的绝缘不利。

此外，对于高电压、长距离输电线路，单相接地故障产生的对地短路电流较大，在接地处易于产生电弧周期性的熄灭和点燃，产生高频振荡，形成过电压，导致绝缘设备绝缘特性破坏，造成相间短路故障，危害到电网运行的安全可靠性，因此该模式不适合高电压、长距离输电线路的中性点接地。

1.4.2.2 中性点经消弧线圈接地

当中性点经消弧线圈接地时，等效于中性点与地之间直接接了一个电抗器，$G_0 = 0$ 和 $B_0 \neq 0$，该接地方式下单相接地短路故障电流的数学表达式为

$$I_E = \dot{U}_p G_E \frac{j3\omega C - jB_0}{G_E + j3\omega C - jB_0} \approx j\dot{U}_p(3\omega C - B_0) \tag{1-6}$$

根据式(1-6)通过中性点接地电抗可实现对短路点容性故障电流的补偿，且当 $3\omega C = B_0$ 时，可完全实现对容性故障电流的补偿，但是故障点的电导不可能无穷大，因此还将有一个不是很大的电阻电流。

中性点经消弧线圈的接地方式，在发生单相接地故障时，也将会导致非故障相的对地电压升高到线电压，对系统的绝缘不利。此外，当三相线路对地分布电容不对称或发生一相断线或正常切除部分线路时，可能出现消弧线圈与

对地分布电容的串联谐振,产生中性点危险过电压。因此,消弧线圈在选择时一般采用过补偿方式,使其感性电流大于容性电流,系统运行复杂,保护整定不够灵活。

1.4.2.3 **中性点直接接地**

中性点直接接地时,$G_0 \approx \infty$ 和 $B_0 = 0$,该接地方式下单相接地短路故障电流的数学表达式为

$$I_E = \dot{U}_p G_E \frac{G_0 + j3\omega C}{G_E + G_0 + j3\omega C} \approx \dot{U}_p G_E \tag{1-7}$$

由式(1-7)可知,单相接地故障时短路点电流的大小和导线接地时的过渡电阻、线路和变压器阻抗等的大小有关,一般而言,过渡电阻、线路和变压器阻抗的值比较小,因此中性点直接接地方式时单相接地故障电流的值一般比较大。其优点在于因电流较大,继电保护整定比较方便;非故障相电压不会升至线电压,有利于系统绝缘;中性点电压不会偏移,有利于系统的安全。但是与非有效接地系统相比,一旦发生单相接地故障,需要立刻找出故障位置并进行故障隔离,因此对于单相接地故障概率较高的地方,将会降低配电网的供电连续性和可靠性。

1.4.2.4 **中性点经电阻接地**

中性点经电阻接地方式能够将接地电流限制在一定范围内,且因设置有相应的接地保护装置,也可满足安全要求,其在抑制过电压方面比中性点不接地方式要好,在国外有一定的应用。

1.4.3 配电网中性点接地方式与供电可靠性

配电网的供电可靠性与中性点接地方式有很大的关系,当电网电容电流较小时采用中性点不接地方式简单、经济,大多数瞬时性接地故障都能可靠消失,电网的供电可靠性也较高;当电网电容电流增大到熄弧临界值以上时,由于大多数接地都不能可靠熄弧,会发展成间歇性的弧光接地或稳定的电弧接地,形成相间短路,由电网单相接地引起的事故就会增多,对供电可靠性产生不利的影响。

中性点经低电阻接地配置零序电流保护,大多数瞬时性接地故障都会使线路开关跳闸,因而对供电可靠性会造成负面影响。

中性点经消弧线圈接地,特别是经自动跟踪补偿消弧线圈接地时,由于接地残流小,大多数瞬时性接地电弧都能可靠熄灭,发展不成永久性的接地故障,所以对提高供电可靠性是有利的。

1.4.4　配电网中性点接地方式选择

依据上述理论分析和相关研究[21,22],各种中性点接地方式的优劣势总结如下:

(1)中性点不接地方式的优势在于:实现简单便捷、综合经济性好;发生单相接地故障时,因为线路的线电压相量不发生偏移,三相用电设备仍可正常运行,供电可靠性高,且允许在单相接地的情况下运行2 h。劣势为:系统单相接地时,健全相电压升高为线电压,对设备绝缘等级要求高,设备的耐压水平必须按线电压选择,对设备安全运行不利。

(2)中性点经消弧线圈接地方式的优势在于:发生单相接地故障时,消弧线圈产生的感性电流补偿电网产生的容性电流,可以使故障点电流非常小,且一般允许带故障运行2 h,提升了供电连续性和可靠性;单相接地故障电流小,可有效预防瞬时性接地故障向永久性接地故障的演变;故障电流小,对附近通信线路产生的干扰小。劣势为:系统运行方式改变时会因补偿不当引起串联谐振过电压;线路发生永久性接地故障时,消弧线圈的补偿和选线功能难以快速实现故障位置的辨识和故障区段的隔离,容易导致事故扩大。

(3)中性点经低电阻接地方式的优势在于:有利于限制过电压水平,系统发生单相接地故障时,健全相电压升高持续时间短,有利于设备绝缘,对设备安全有利;单相接地时,由于故障电流较大,零序电流保护灵敏度高,易于快速检出并隔离接地线路,防止事故扩大。劣势为:接地故障电流较大,如果零序电流保护不及时动作,将危害故障点附近的绝缘,会导致相间短路故障;较大的短路电流会产生严重的电磁效应,对附近的通信线路干扰较大;较大的短路电流会在故障点产生大量电离气体,导致线路发生可恢复的瞬时性接地故障时容易跳闸,线路跳闸率较高。

配电网中性点接地方式的选择要从经济性和技术性上综合考虑,一般而言,其选择的方法为:对电网电容电流小于10 A 的配电网,宜采用中性点不接地(对地绝缘)方式,其简单、经济,且供电可靠性高;对电网电容电流大于10 A 的配电网,宜采用自动跟踪补偿消弧线圈接地方式,其能降低故障建弧率,消除铁磁谐振过电压,有效抑制弧光接地过电压,大大提高供电可靠性;中性点经小电阻接地方式,虽然能有效地防止电网铁磁谐振过电压,抑制弧光接地过电压,但因瞬时性接地故障对故障电流的放大关系对防雷过电压不利,降低了供电可靠性,只有在配电网备用线路完善、自动装置健全且对内过电压有特殊要求的电网才可考虑采用。

随着电网规模的不断增大,对供电可靠性要求的提高,以及对配电环境影响等方面的重视,中性点经自动消弧线圈接地方式的优势更加突出,是未来发展的方向。但对于城市配电网,由于大多采用电缆线路,雷击事故很少,所以中性点经低电阻接地方式是一种有效的接地方式。

1.5 配电网自动化系统

1.5.1 配电网自动化系统的概念

配电网自动化,也称为配电网自动化系统或配电网管理系统,是 20 世纪 80 年代发展起来的基于电力自动化设备和计算机技术的新兴技术领域。如何理解配电网自动化,各个国家都有不同的定义,但趋于一致的做法是配电网的运行从传统的手工操作控制、孤岛自动化向基于先进通信技术的网络自动化发展。因各国配电网发展速度、经历都不同,综合国内外的发展情况,配电网自动化的定义可概括如下:

配电网自动化是综合利用现代电子技术、自动控制技术、通信技术、计算机及网络技术、电力自动化设备等技术手段,将配电网实时信息、离线信息、用户信息、电网结构参数、地理信息进行安全集成并进行配电网正常运行及事故情况下的监测、保护、控制和配电的智能化管理,使配电网始终处于安全、可靠、优质、经济、高效的运行状态,最终提升供电的安全可靠性与供电质量,缩短事故处理时间,减小停电面积,提高配电网的运行管理水平。简而言之,配电网自动化以一次网架和设备为基础,以配电自动化系统为核心,综合利用多种通信方式,实现对配电系统的监测与控制,并通过与相关应用系统的信息集成,实现配电系统的科学管理[23]。

配电网自动化系统就是实现配电网运行和监视的自动化系统,具备配电 SCADA(supervisory control and data acquisition)、馈线自动化、电网分析应用及与相关应用系统互连等功能,主要由配电主站、配电远方终端、配电子站和通信通道等部分组成。

1.5.2 配电网自动化系统的功能

经过几十年的发展,我国在配电网自动化已经形成了若干规范,国家电网公司出台了《配电自动化技术导则》[23],依据该技术导则中的配电自动化系统功能规范,通过配电网自动化系统实现配电网自动化,配电网自动化系统主要由配电网主站、配电网子站、配电远方终端和通信通道组成。主要内容可概括为以下几方面:调度自动化系统;变电所、配电所自动化;馈线自动化(FA);自动制图/设备管理/地理信息系统(AM/FM/GIS);用电管理自动化;配电系统运行管理自动化;配电网分析软件(DPAS)等。

1.5.2.1　配电主站

配电主站是配电自动化系统的核心部分,主要实现配电网数据采集与监控等基本功能和电网分析应用等扩展功能,总体上可分为实时功能和管理功能两部分。

1. 实时功能

配电主站的实时功能包括数据采集、数据传输、数据处理、控制功能、人机联系、故障处理、应用软件等。

(1)数据采集包括模拟量(电压、电流、有功功率、无功功率、功率因数、温度、频率)、数字量(电能量、标准时钟接收输出)和状态量(开关状态、事故跳闸信号、保护动作信号和异常信号、终端状态信号、开关储能信号、通信状态信号、SF_6 开关压力信号)的采集。

(2)数据传输包括:①与配电子站和远方终端通信;②与调度自动化系统通信;③与管理信息系统交换信息;④与用电管理系统交换信息;⑤与其他系统交换信息。

(3)数据处理包括:①有功功率总加;②无功功率总加;③有功电能量总加;④无功电能量总加;⑤越限告警;⑥计算功能;⑦合理性检查和处理。

(4)控制功能包括:①开关分合闸;②闭锁控制功能;③保护及重合闸远方投停。

(5)人机联系功能包括:①配电网络图;②变电站、开闭所、配电所、中压用户一次接线图;③系统实时数据显示;④实时负荷曲线图及预测负荷曲线图,选出最大值、最小值、平均值;⑤主要事件顺序显示;⑥事件报警:推图、语音、文字、打印;⑦配电自动化系统运行状况图;⑧发送遥控、校时、广播冻结电能命令等;⑨修改数据库的数据;⑩生成与修改图形报表。

(6)故障处理功能包括:①故障区段定位;②故障区段隔离,恢复非故障区段供电;③网络重构。

(7)应用软件包括:①网络拓扑;②潮流计算;③短路电流计算;④电压/

无功分析及优化;⑤负荷预测;⑥网络优化。

2.管理功能

配电主站的管理功能包括指标管理、地理信息系统管理、运行管理和配网工况管理等。

（1）指标管理功能包括:①采集变电站、配电网、用户中与可靠性管理有关的实时数据、录入其他采集数据,进行配电系统的供电可靠率分析与管理;②采集变电站、公用配电变压器、专用变压器用户、低压用户等实时电能量数据,录入所需手抄电能量数据,进行线损分析、分台区分析与管理;③采集变电站母线、公用配电变压器、专用变压器用户、低压用户电压监测点的实时电压数据,录入其他电压监测点的电压数据,进行全局电压合格率分析与管理。

（2）地理信息系统管理功能包括:①支持商用数据库;②地理接线图自动生成电气单线图;③图形数据的录入、转换和编辑(包括地道图、建筑分布图、行政区规划图、地形图、电网设备分布图等);④属性数据的录入、转换和编辑;⑤属性数据与图形数据的关联;⑥含有配电网络设备分布图及其属性数据的工程图的打印输出,可输出全图和局部图;⑦图形建模;⑧系统内数据一致性。

（3）运行管理功能包括配网工况管理、停电管理、用户投诉电话受理。

（4）配网工况管理主要包括:①实时电气单线图;②实时地理接线图;③实时配电网络工况监测;④变电站供电范围分析与显示;⑤故障区域分析与显示;⑥配电变压器负载率;⑦继电保护定值;⑧实时网络运行方式分析;⑨配电变压器三相不平衡度监视。

1.5.2.2 配电子站

配电子站是为优化系统结构层次、提高信息传输效率、便于配电通信系统组网而设置的中间层,实现所辖范围内的信息汇集、处理或故障处理、通信监视等功能。表1-1为配电子站的主要功能。

1.5.2.3 配电远方终端

配电远方终端是安装于中压配电网现场的各种远方监测、控制单元的总称,主要包括配电开关监控终端(FTU,馈线终端)、配电变压器监测终端(TTU,配变终端)、开关站和公用及用户配电所的监控终端(DTU,站所终端)等,实现对配电网运行状态量的动态监测。主要功能包括数据采集、控制、传输及维护。表1-2为配电远方终端的主要功能。

表 1-1　配电子站的主要功能

功能		基本功能	选配功能
数据采集	(1) 状态量	√	
	(2) 模拟量	√	
	(3) 电能量	√	
	(4) 事件顺序记录		√
控制功能	(1) 当地控制	√	
	(2) 远方控制	√	
数据传输	(1) 与主站、终端通信	√	
	(2) 支持多种通信规约		√
	(3) 与其他智能设备通信		√
维护功能	(1) 当地维护	√	
	(2) 远方维护		√
故障处理	(1) 故障区段定位		√
	(2) 故障区段隔离		√
	(3) 非故障区段恢复供电		√
通信监视	(1) 通信故障监视	√	
	(2) 通信故障上报	√	
其他功能	(1) 校时	√	
	(2) 设备自诊断及程序自恢复	√	
	(3) 后备电源	√	

表 1-2　配电远方终端的主要功能

功 能		配电柱上开关监控终端		配电变压器监测终端		开闭所监控终端		配电所监控终端		用户配电所监控终端	
		基本功能	选配功能	基本功能	选配功能	基本功能	选配功能	基本功能	选配功能	基本功能	选配功能
状态量	(1)开关位置	√				√		√		√	
	(2)终端状态	√		√		√		√		√	
	(3)开关储能、操作电源	√				√		√		√	
	(4)SF$_6$ 开关压力信号		√				√		√		√
	(5)通信状态		√		√			√			√
	(6)保护动作信号和异常信号	√				√		√			√
数据采集 模拟量	(1)中压电流	√				√		√		√	
	(2)中压电压		√			√		√		√	
	(3)中压有功功率		√			√		√		√	
	(4)中压无功功率		√			√		√		√	
	(5)功率因数	√	√			√		√		√	
	(6)低压电流			√							√
	(7)低压电压			√							√
	(8)低压有功功率			√							√
	(9)低压无功功率			√							√
	(10)低压零序电流及三相不平衡电流			√							
	(11)温度				√				√		
	(12)电能量			√				√		√	
控制功能	(1)开关分合闸	√				√	√	√			√
	(2)保护投停		√			√	√	√			
	(3)重合闸投停		√						√		
	(4)备用电源自投装置投停						√		√		
数据传输	(1)上级通信	√		√		√		√		√	
	(2)下级通信		√		√	√		√			√
	(3)校时	√		√		√		√		√	
	(4)其他终端信息转发		√		√	√		√			
	(5)电能量转发		√	√				√		√	

功能		配电柱上开关监控终端		配电变压器监测终端		开闭所监控终端		配电所监控终端		用户配电所监控终端	
		基本功能	选配功能	基本功能	选配功能	基本功能	选配功能	基本功能	选配功能	基本功能	选配功能
维护功能	(1)当地参数设置	√		√		√		√		√	
	(2)远程参数设置		√		√		√		√		√
	(3)远程诊断		√		√		√		√		
其他功能	(1)馈线故障检测及故障事件记录	√				√		√			
	(2)设备自诊断		√		√		√		√		√
	(3)程序自恢复	√		√		√			√		√
	(4)终端用后备电源及自动投入	√			√				√		√
	(5)事件顺序记录					√			√		
	(6)当地显示		√			√			√		√
	(7)保护及单/多次重合闸		√								
	(8)备用电源自动投入					√			√		√
	(9)最大需电量及出现时间				√					√	
	(10)失电数据保护			√				√		√	
	(11)断电时间				√			√			
	(12)电压合格率统计				√				√		√
	(13)模拟量定时存储				√				√		√

1.5.2.4 馈线自动化

利用自动化装置或系统,监视配电线路的运行状况,及时发现线路故障,迅速诊断出故障区间并将故障区间隔离,快速恢复对非故障区间的供电。馈线自动化可采取以下实现模式:

(1)就地型:不需要配电主站或配电子站控制,通过终端相互通信、保护配合或时序配合,在配电网发生故障时,隔离故障区域,恢复非故障区域供电,并上报处理过程及结果。就地型馈线自动化包括重合器方式、智能分布式等。

(2)集中型:借助于通信手段,通过配电终端和配电主站/子站的配合,在发生故障时,判断故障区域,并通过遥控或人工隔离故障区域,恢复非故障区域供电。集中型馈线自动化包括半自动方式、全自动方式等。

1.5.3 配电网自动化技术的发展

随着我国国民经济的快速发展,对电力的需求量及供电要求日益增加,配电网的规模逐步扩大,结构越来越复杂,提高供电质量、减少停电时间、建设配电网自动化系统、提升配电网自动化水平和管理效率,成为我国电网建设的重要任务。配电系统实现自动化的观点很早已被提出,但因电力自动化设备技术和计算机技术的限制,直到 20 世纪 90 年代配电网自动化才获得快速发展并获得工程的成功应用。

国外配电网自动化开始于 20 世纪 80 年代,早期功能较为单一且各地发展程度不同,一般是根据当地配电网发展状况及用户供电质量要求的提高而逐步开发的,因此发展的具体功能及实施时期有很大差异。日本在配电自动化方面作了很多技术开发,如配电网的监控、配电线故障定位及自动隔离、小电流故障接地选线、雷电预测、配电变压器负荷管理、配电网用户电量自动检测、用户设备的监控、集中负荷控制、维修工作计划的编辑、小型分散发电的控制等。美国在配电自动化方面开发了自动绘图与设备管理系统、馈线切换操作及自动分段、综合电压和无功功率控制、用户电量遥测、负荷监控、配电网停电故障分析和维修管理系统等。法国在 SCADA 系统、电压控制、配电网故障寻测和自动恢复供电、负荷管理、用户电量动态计费、电网图像监控、电能质量监控等方面也开发了不少功能。德国、法国、意大利等国家都开发了 SCADA系统、动态电网模拟、电网故障分析及自动恢复供电功能、负荷监控管理等。

我国配电自动化的发展开始于 20 世纪 90 年代后期,随着电力企业对配电网自动化的重视,我国在配电网自动化设备方面的开发研究也取得了较大的进步,如短路故障指示器、重合器、分段器、各种开关和监控装置等,而且这些设备、装置在工程中获得应用。我国配电自动化的发展大致分为三个阶段:第一阶段是基于自动化开关设备相互配合的馈线自动化阶段,其主要设备为重合器和分段器,无需专门的通信网络和计算机系统建设,其主要功能是在故障时通过自动化开关设备相互配合实现故障隔离和健全区域恢复供电;第二阶段的配电自动化是基于通信网络、馈线终端单元和后台计算机网络的配电自动化,它在配电网正常运行时,也能起到监视配电网运行状况和遥控改变运行方式的作用,故障时能及时判断,并由调度员通过遥控隔离故障区域和恢复健全区域供电;第三阶段的配电自动化系统是在第二阶段的配电自动化系统的基础上,增加了闭环自动控制功能,由计算机自动完成故障处理等功能。

2009 年,国家电网公司提出建设坚强智能电网的建议与实施,经过近几年的建设,作为智能电网重要组成部分的配电自动化技术取得了重大进步,配电网自动化水平进一步提升,在配电自动化主站、终端、通信网络、测试技术等方面都取得了许多建设性的进展[24]。与上一轮配电自动化研究相比,目前配电自动化主站的最大进步在于两个方面:建立了符合 IEC 61968 标准的信息交互总线,与其他信息系统进行统一标准的信息交互;具有完备和实用的故障处理应用模块。

工程中,配电网自动化系统需与上一级调度自动化系统、生产管理系统、电网地理信息系统、营销管理信息系统、95588 等进行数据交互,传统采用"点对点"的私有协议实现与其他系统间互联,存在维护接口多、协议不标准、可扩展性差等不足。在智能电网建设中,配电网自动化系统基于"源端数据唯一、全局信息共享"的原则,使用 IEC 61968 标准的信息交互总线,通过基于消息机制的总线方式完成与其他应用系统之间的信息交换和服务共享,减少了接口数量,具有标准化、互换性强和便于扩展等优点。在满足电力二次系统安全防护规定的前提下,信息交互总线具有通过正/反向物理隔离装置穿越生产控制大区和管理信息大区,实现信息交互的能力。遵循 IEC 61968 标准,采用面向服务架构(SOA),实现相关模型、图形和数据的发布与订阅[24]。

传统的配电自动化系统,因缺乏测试手段,需要长期等待故障发生才能检验和完善故障处理功能,相关的配电自动化装置的故障处理功能不够完善。在智能电网建设背景下,南瑞科技、河南许继、积成电子、北京四方、电研华源等制造企业在陕西电力科学研究院成功开发的配电自动化故障处理性能测试平台的支撑下,使配电自动化系统能够快速准确地实现故障的容错性定位和交互式或全自动故障隔离及健全区域快速恢复供电。

在智能电网建设背景下,配电自动化终端研究取得很大进展。传统的配电网自动化系统中配电自动化终端大都采用蓄电池作为储能部件。从技术上看,蓄电池的寿命不长,对充放电管理的要求较高,当工作于恶劣环境条件下时,对其性能和寿命的影响尤其突出。从管理上看,配电自动化终端数量众多且位置分散,更换和维护蓄电池需要花费大量的人力和物力,为确保可靠工作,一般 1 至 2 年就要更换一次蓄电池,运行成本比较高。与传统配电自动化系统相比,配电自动化终端采用超级电容器作为其备用电源的储能元件,在户外恶劣条件下工作的可靠性大幅提高,且具有更高的功率密度,能够快速放出几百安到几千安的电流,适合作为开关的操作电源,充电速度快,采用大电流充电能在较短的时间完成充电过程,使用温度范围广,低温性能优越,可靠性高,维护工作量极少。

传统的配电自动化系统通常采用屏蔽双绞线、中压配电线载波、无线扩频、无线数传电台等通信方式,而屏蔽双绞线传输距离短,中压配电线载波传输速率低,无线扩频易受遮挡,无线数传电台,当轮询站点较多时,效率低。21世纪初曾采用光 modem 作为配电自动化的通信手段,但一般只能采用串行通信口实现,并由配电子站集结后与配电自动化主站交互,通信可靠性和效率都不太高。在智能电网建设背景下,以太网无源光网络、工业以太网、通用分组无线业务、电缆屏蔽层载波等通信技术成为了配电自动化系统的主要通信方式,使得通信的效率和可靠性大幅度提高。

1.6 配电网自动化背景下的馈线故障区段辨识最优化技术

学术界对于配电网故障定位的研究可追溯到 20 世纪 60 年代。1969 年,美国学者 DY LIACCO 和 KRAYNAK 利用断路器和继电保护装置运行状态信息,最早提出基于逻辑关系描述的输电网故障定位新方法,研究并指出可将其用于配电网的故障区段定位。与传统方法相比,上述方法因与计算机结合,能显著降低运行人员的工作强度并可提高故障辨识的准确性,但其存在模型复杂且不具有通用性、不能给出具体故障位置和无容错性等缺陷,在配电网故障定位领域并未获得广泛应用。

随着配电网智能化水平大幅度提高,大量配电自动化设备终端如 FTU 等的应用,使得可直接采集到馈线断路器和自动化开关的过电流报警信息,基于FTU 采集信息的配电网故障定位新理论与方法成为学术界研究热点。至今,学术界对于基于 FTU 采集信息的配电网故障定位方法已经开展了大量研究,采用的建模理论与故障辨识方法主要包括人工神经网络、粗糙集理论、数据挖掘技术、统一矩阵算法、最优化算法等。其中,统一矩阵算法和最优化算法构建故障定位模型时,因原理简单、实现便捷等显著优点,成为了基于 FTU 采集信息的配电网故障定位的重要研究方向,目前仍然是学术界研究的焦点。

配电网故障定位统一矩阵算法最早由我国著名电力专家刘健于 1999 年提出,可应用于辐射状和开环运行配电网的故障区段定位,为配电网故障区段定位提供了新途径,也吸引了很多学者从事该方法的研究。刘健所提出的基于配电网自动化的故障定位建模原理是首先基于网络拓扑结构构建网络描述矩阵,然后根据正常运行下馈线最大负荷进行 FTU 报警电流值整定,依据故障报警完备信息生成故障信息矩阵,最后利用矩阵相乘运算并通过规格化处理得到故障判定矩阵,进行故障区段辨识。然而,其不足之处在于不适用于多电源和含分布式电源的复杂配电网故障定位。另外,建模时需要完备的报警信息和矩阵运算,导致其不具有容错性,且应用于大规模配电网故障定位时存在故障辨识时间长的缺陷。后续有关矩阵算法主要围绕着如何提高故障定位效率、模型适应性和容错性三方面开展研究。2000 年,朱发国等提出了与配电网运行工况有较强适应性的优化矩阵算法,利用有效元素直接计算代替矩阵计算,具有计算速度快、实时性好的特征。2001 年,卫志农等基于开关连接关系和假定正方向,提出了无需矩阵相乘运算并适用于多电源并列运行配电网故障辨识的矩阵算法。2002 年,夏雨等完善了矩阵方法的故障判据,提出了能够应用于多电源多重故障区间辨识的新故障判定统一矩阵算法。同年,郭志忠等建立了有向图描述的配电网故障定位矩阵模型,扩展了多电源网络故障定位算法的适应能力,但在多重故障方面还存在缺陷。2003 年,孙莹等提出了能解决配电网闭环运行时故障辨识的改进矩阵算法。2004 年,蒋秀洁等提出了能够对配电网末端故障区段进行准确辨识的改进矩阵算法。2005年,陈歆技等进一步完善了应用于馈线末端故障辨识的统一矩阵算法。2007年,石东源等针对以往矩阵算法缺乏 FTU 不完备信息存在时对配电网故障辨识的适应性,提出了具有信息不完备和畸变信息适应能力的容错性矩阵算法,但并不具有通用性。随着分布式电源接入配电网,传统的矩阵算法难以直接应用,2009 年,许扬等提出了基于搜索树、基尔霍夫定律及相位比较原理的新型矩阵算法。2010 年,杨以涵等针对中性点不接地和接地系统,提出了基于FTU 测量的零序电流信息的改进矩阵算法。2014 年,针对多电源复杂配电网中 FTU 信息畸变的情况,相关学者提出了具有容错性能和适应于多重故障辨识的改进矩阵算法,但容错能力不强且不具有通用性。

为弥补统一矩阵算法的缺陷,与统一矩阵算法并行发展起来的基于配电网自动化采集信息和逻辑关系描述的最优化故障定位方法,具有相同的故障辨识原理,即:首先,基于逼近理论和最小故障诊断集概念,构建基于逻辑关系描述的故障定位离散优化数学模型;然后,利用群体智能算法决策出最能解释所有自动化设备上传故障电流报警信息的馈线短路故障区段。2000 年,针对辐射状配电网,我国学者孙雅明等率先提出了基于 FTU 过流报警信息和逻辑关系描述的遗传算法故障定位逼近建模理论与决策算法,在采用开关函数逼近 FTU 报警信息时,因对馈线故障和自动化设备过流信息间的耦合关联关系描述不准确,会造成故障区段误判。针对学者孙雅明等提出的故障定位方法的缺陷,2002 年,卫志农等通过增加故障定位优化目标辅助项,提出了具有高容错性的配电网故障区间定位高级遗传算法,避免了故障辨识时的误判现象,且适用于多电源多重故障复杂情况。2006年,陈歆技等为提高基于群体智能算法的配电网故障定位效率,构建了基于分级处理思想和逻辑关系描述的故障辨识模型,并采用蚁群算法进行故障区段辨识。2007年,郭壮志以单一故障假设为前提,通过引入潜在等式约束条件和故障辅助项,基于逻辑关系描述和遗传算法,构建了适合辐射状配电网和环网开环运行配电网的容错性故障辨识模型与决策方法,采取分级处理思路来提高故障定位效率。2008年,王林川等沿用学者卫志农的故障辨识模型,采用改进蚁群算法进行决策,以实现故障定位效率的提高。同年,郭志忠等提出了配电网故障离散逻辑优化模型决策求解的二进制粒子群算法。2009年,为提高逻辑关系故障定位优化模型的求解效率和全局收敛性,相关学者提出了改进遗传算法和粒子群算法的优化求解方法。同年,模拟植物生长算法被用于辐射状配电网和环网开环运行配电网的馈线故障区段定位;郭壮志提出故障定位模型优化决策的仿电磁学算法。2010年,郭壮志以现有的研究为基础,基于逻辑关系描述建立更加简单的环网开环运行配电网故障定位统一数学模型,并应用改进仿电磁学算法进行求解。2011年,相关学者将改进蚁群算法和差分算法应用于逻辑关系描述配电网故障定位模型的优化决策。2012年,吕学勤等提出了基于自适应遗传退火算法的配电网故障辨识方法,以提高故障区段定位的效率。2013年至2015年,针对含有分布式电源的配电网,相关学者建立了基于逻辑关系描述的配电网故障辨识离散优化模型,为提高故障决策效率,并将新型群体智能算法和声算法、蝙蝠算法、萤火虫算法等应用于故障定位模型的优化求解。

已有的研究显示,国内外同行对基于FTU采集信息的配电网故障定位矩阵算法和最优化方法进行了大量有价值的研究工作,取得了不少成果,但还面临着以下问题:

(1)矩阵算法的故障定位过程通常通过代数关系运算实现,因此具有数值稳定性强、故障辨识效率高和实时性好的优势,但其在考虑配电网复杂多重故障时建模原理复杂,且缺乏对FTU信息丢失或畸变时的适应性。虽然部分文献已考虑容错性,但容错性不高且建模相对比较烦琐,不具有一般通用性。

(2)配电网故障定位最优化方法具有便于考虑复杂多重故障、容错性好和通用性强等优势,但因采用逻辑关系描述进行故障辨识模型构建,该类方法存在以下两点固有缺陷:①采用逻辑关系描述故障区段与自动化设备间匹配关联特性,使得故障定位模型构建相对比较复杂,若应用于大规模复杂配电网中将极大地增加建模过程难度;②因基于逻辑值关系描述进行故障定位模型构建,其逻辑关系运算导致故障辨识过程不能利用高效的常规优化算法实现,而只能采用群体智能算法决策,使得在大规模配电网故障区段定位时效率不高、实时性差。同时,群体智能算法优化搜索过程随机性和过早收敛现象存在,会因算法早熟而引发数值稳定性问题,从而造成故障辨识结果具有强的不确定性和数值不稳定性,进而引起故障区段的错判或漏判。

(3)配电网故障定位矩阵算法和最优化方法各有优缺点,现有研究成果缺乏对两者之间关联一致性的研究分析,目前还没有将两种方法优势融合在一起的故障定位模型和算法,有待进一步研究。

(4)现有配电网故障定位容错性矩阵算法和最优化方法,虽然在信息丢失和畸变时通常能辨识出故障区段,但不具有对信息畸变位置辨识的能力,如何使故障定位方法同时具有故障区段定位和信息畸变位置辨识双重能力仍然是有待解决的问题。

与矩阵算法相比,基于最优化理论的故障定位方法因采用间接逼近关系构造优化决策目标,更加易于考虑容错性,且具有一般通用性、建模过程简单便捷、对电网结构的强适应性等显著优势。另外,数学规划学科的最优化理论及方法领域研究一直非常活跃,其中非线性互补优化理论等方面均有突破性进展,若能将其应用于配电网故障定位领域,将可跳出现有的逻辑建模理论并可采用高效稳定的数学规划方法求解。郭壮志已对基于代数理论的配电网故障定位整数规划方法与互补优化理论开展了相关研究,研究结果表明:这些理论和方法适合于配电网故障定位最优化方法建模和求解。为提高未来复杂配电网的可靠性、自愈性、自适应性和智能化水平等,基于 FTU 信息采集的配电网故障定位最优化方法具有重大的理论和工程价值。结合国内外同行研究报道、数学规划最优化领域最新研究成果以及我们前期对配电网故障定位最优化理论的研究基础,不难推断,采用互补优化理论对基于最优化方法的配电网故障定位问题进行建模并有效求解是可行的,其理论研究和应用前景广阔,同时也为用最优化理论解决基于 FTU 采集信息的配电网故障定位优化问题的计算提供一种崭新的思路和方法,是基于最优化技术的配电网故障定位理论的巨大进步。

1.7　本书主要内容

本书主要围绕配电网自动化背景下最优化技术在配电网故障定位中的应用问题开展研究,对近 10 年来该领域学者和郭壮志研究的相关成果进行详细介绍和总结,主要内容由配电网自动化基础(第2章)、约束最优化理论(第3章)、配电网故障辨识的最优化技术(第3章至第8章)三部分组成。第1章为绪论;第9章为全书的总结与展望。图1-16为章节结构框图。

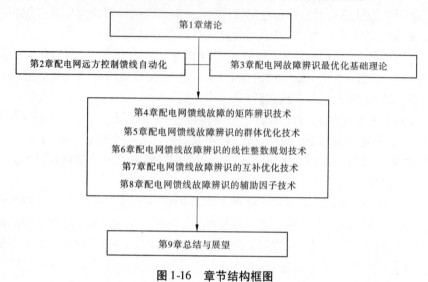

图 1-16　章节结构框图

参考文献

[1] 曹海荣,张文军.论配电网故障发生原因及预防对策[J].电力建设,2014(9):113-114.

[2] 刘健.配电网故障处理研究进展[J].供用电,2015(4):8-15.

[3] 桑在中,张慧芬.小电流接地系统单相接地故障选线测距和定位的新技术[J].电网技术,1997,21(10):50-52.

[4] 王慧,范正林."S注入法"与选线定位[J].电力自动化设备,1999,19(3):18-20.

[5] 黄景光,刘会家,胡汉梅,等.行波小波系数极大值极性法接地故障选线研究[J].高电压技术,2006,32(8):100-104.

[6] 李泽文,郑盾,曾祥君,等.基于极性比较原理的广域行波保护方法[J].电力系统自动化,2011(3):49-53.

[7] 陈勇,海涛.电压型馈线自动化系统[J].电网技术,1999,23(7):31-33.

[8] 刘健,张伟,程红丽.重合器与电压－时间型分段器配合的馈线自动化系统的参数整定[J].电网技术,2006,30(16):45-49.

[9] 程红丽,张伟,刘健.合闸速断模式馈线自动化的改进与整定[J].电力系统自动化,2006,30(15):35-39.

[10] 刘健,程红丽,李启瑞.重合器与电压电流型开关配合的馈线自动化[J].电力系统自动化,2003,27(22):68-71.

[11] 朱发国,孙德胜,姚玉斌,等.基于现场监控终端的线路故障定位优化矩阵算法[J].电力系统自动化,2000,24(15):42-44.

[12] 蒋秀洁,熊信银,吴耀武,等.改进矩阵算法及其在配电网故障定位中的应用[J].电网技术,2004,28(19):60-63.

[13] 杜红卫,孙雅明,刘宏靖,等.基于遗传算法的配电网故障定位与隔离[J].电网技术,2000,24(5):52-55.

[14] 卫志农,何桦,郑玉平.配电网故障区间定位的高级遗传算法[J].中国电机工程学报,2002,22(4):127-130.

[15] 陈章潮,唐德光.城市电网规划与改造[M].北京:中国电力出版社,1998.

[16] 王成山,王赛一,葛少云.中压配电网不同接线模式经济性和可靠性分析[J].电力系统自动化,2002,26(24):34-39.

[17] 庄雷明,张建华,刘自发,等.中压配电网接线模式分析[J].电网与清洁能源,2010,26(6):33-37.

[18] 梁伟雄,王世祥.20 kV配电网络接线方式设计及工程实践[J].贵州电力技术,2013,16(1):7-10.

[19] 蔡燕春,张少凡,杨咏梅.20 kV花瓣型配电网若干技术问题分析[J].供用电,2016(1):51-55.

[20] 方富淇.配电网自动化[M].北京:中国电力出版社,2000.

[21] 弋东方.关于6～10 kV电网中性点接地方式的讨论[J].电网技术,1998,22(7):27-30.

[22] 李颖峰.配电网中性点接地方式探讨[J].电力系统保护与控制,2008,36(19):58-60.

[23] 国家电网公司.Q/GDW 382—2009配电自动化技术导则[S].北京:中国电力出版社,2009.

[24] 刘健,赵树仁,张小庆.中国配电自动化的进展及若干建议[J].电力系统自动化,2012,36(19):6-10.

第2章 配电网远方控制馈线自动化

2.1 引 言

根据大量的工程统计,电力用户停电事故中百分之九十是因配电网故障引起的,配电网故障率直接影响着供电的连续性和可靠性。随着我国国民经济的高速发展,人们对电力的需求日益增长,同时对供电可靠性和供电质量提出了更高的要求。配电网馈线自动化是指变电站出线到用户用电设备之间的馈电线路自动化,它是配电网自动化的核心内容,主要功能包括馈线运行状态监测、馈线故障检测、馈线故障定位、馈线故障隔离、馈线负荷的重新优化配置、供电电源恢复等,它是提高配电网供电可靠性、减少短时停电问题、提升配电网运行安全性的最直接最有效的技术措施[1]。配电网馈线自动化技术至今经历了以下三个阶段[2]:

第一阶段,人工馈线自动化模式。该模式由安装在变电站馈线出口处的电流速断保护、出口断路器、馈线其他位置的负荷开关和故障指示器组成。馈线区段发生故障后,电流速断保护检测到故障过电流后动作,出口断路器跳闸,依据故障指示器所指示位置人工拉开两端的负荷开关隔离故障区段,然后重新闭合断路器恢复未故障部分的供电。该模式自动化程度低,故障后停电时间长。

第二阶段,就地馈线自动化模式。该模式是基于分段开关、重合器等智能化电力设备的配电网自动化新技术,当配电网馈线发生故障后,基于故障过电流信号,依据分段开关和重合器间的时间配合、重合器动作次数的计数等,首先判定出是否为永久性故障,当达到重合器整定的动作次数时判定出馈线故障区段位置并进行故障隔离,然后自动恢复未故障部分的供电。但是,与该模式相对应的是最终故障切除时间长、断路器负担重、未故障部分恢复供电慢。

第三阶段,配电网远方控制馈线自动化模式。该模式是建立在馈线自动化模式基础上,进一步配置配电网智能终端单元,和网络通信技术结合,从而实现配电网馈线的远方控制自动化。当配电网馈线故障时,若为集中控制模式,故障的查找、隔离以及恢复供电依靠 FTU 采集故障信息并上传给调度中心,通过调度中心远程控制断路器和负荷开关实现馈线故障区段的隔离;若为分散控制模式,通过相邻智能馈线设备终端FTU间的通信,实现故障的辨识与隔离。该模式下自动化水平高,开关只需一次动作,但因FTU信息畸变和故障、通信网络的可靠性等会影响馈线自动化故障辨识结果的准确性。此外,配电网正常运行时集中控制模式可监控配电网的运行状态,优化其运行方式,实现其安全可靠运行,可以和GIS、MIS等联网,实现全局信息化。

依据上述三个阶段的馈线自动化模式的简要描述可以看出,虽然配电网远方控制馈线自动化模式存在着不足,但随着智能化终端设备FTU的工作可靠性提升、网络通信技术的进步必然能够有效克服其劣势,因此配电网远方控制馈线自动化模式仍然是主流的馈线自动化技术措施。

2.2 配电网馈线自动化设备与配置

2.2.1 配电网馈线自动化设备概述

配电网馈线自动化设备是配电网馈线自动化的核心,其性能将直接影响配电网馈线自动化的质量与实施效果。配电网馈线自动化设备主要包括重合器、负荷开关、断路器、智能化终端设备FTU。

重合器、分段器、断路器统称为电力开关设备。其中,重合器是一种具备故障电流检测和操作顺序控制与执行功能及保护功能的高压开关设备,通常用于就地控制的馈线自动化模式,故障时按反时限保护自动开断故障电流,并依照预定的延时和顺序进行多次的重合,实现馈线故障的自动辨识和隔离;断路器是指能够关合、承载和开断正常回路条件下的电流并能关合在规定的时间内承载和开断异常回路条件下的电流的开关装置,通常用于配电网远方控制馈线自动化模式和负荷开关一起配合使用,通过远方控制实现馈线故障区段隔离与正常供电区域的供电恢复。

智能化终端设备FTU主要用于监视与控制配电系统中柱上开关,如断路器、重合器、分段器等设备,并与配电自动化主站通信,提供配电系统运行监视及控制所需的信息,执行主站命令,对配电设备进行调节和控制。FTU一般具有状态监测、故障检测、故障定位、传输信息、控制开关动作的功能,可通过检测线路是否失压、过流及失压、过流的次数来判断故障,也可通过其上传的过电流信息利用相应的馈线故障辨识算法判别出馈线故障区段的位置。

2.2.2 配电网馈线自动化开关设备与功能

2.2.2.1 断路器

断路器一般由触头系统、灭弧系统、操作机构、脱扣器、外壳等构成,其主要作用是切断和接通负荷电路,以及切断故障电路,防止事故扩大,保证安全运行。

按照动作原理,可分为机械型断路器和电子型断路器,其动作原理如下:

(1)机械型断路器。当配电网馈线发生短路故障时,故障大电流产生的反向磁场力克服弹簧力,使脱扣器拉动机械操作机构动作跳闸;当负荷过载时,大电流导致双金属片发热量加剧,进而产生变形,当双金属片变形到一定程度时推动操作机构动作。

(2)电子型断路器。事先设定电流基准值,利用互感器采集各相电流大小并与电流基准值比较,当电流异常时微处理器发出信号,使电子脱扣器带动操作机构动作跳闸,从而实现故障电路的切除。

2.2.2.2 重合器

重合器一般由触头系统、灭弧系统、操作机构、脱扣器、外壳、控制系统等构成,其主要作用是与其他高压电器配合,通过对电路的开断、重合操作顺序,复位和闭锁,识别故障所在地,使停电区域限制最小。它能够按照预定的开断和重合顺序在交流线路中自动进行开断和重合操作,并在其后自动复位和闭锁,无需附加继电保护装置和提供操作电源。按照动作原理,可分为机械型重合器和电子型重合器。动作时间具有反时限特性,即电流越大,动作时间越短。当配电网馈线发生短路故障时,重合器检测到故障电流将按照事先整定好的时间进行开断和重合操作;当为永久性故障时,达到整定的最大开断和闭合次数后,断路器闭锁并隔离故障区域;若为瞬时性故障,则在循环分合闸过程中任何一次重合成功,终止后续的分合闸动作。

重合器和断路器有类似之处,但同时存在很大的差异,主要体现在以下几个方面:

(1)在结构上,重合器具有控制系统,而断路器不具有控制系统。

(2)在功能上,重合器强调故障位置辨识,即强调开断、重合操作顺序及复位和闭锁,而断路器强调短路故障的切除,即仅强调开断和关合。

(3)在控制方式上,重合器具有检测、控制、操作装置,无需附加装置,而断路器与其控制系统在设计上往往是分别考虑的,其操作电源亦需另外提供。

(4)在开断特性上,重合器的开断具有反时限特性,以便与熔断器的时间 -

电流特性相配合,而断路器所配继电保护装置虽有定时限与反时限之分,但无双时性。

(5)在操作顺序上,不同重合器的闭锁操作次数、分闸快慢、重合间隔等一般都不同,而断路器的循环操作顺序常由标准统一规定。

(6)在使用地点上,重合器既可安装于变电站内,也可安装在野外的柱上,而断路器因受操作电源和继电保护装置的限制,只能安装在变电站内。

2.2.2.3 分段器

分段器是提高配电网供电可靠性的一种重要设备,一般装有简单的灭弧装置,其结构相对比较简单,能切断额定负荷电流和一定的过载电流,但不能切断短路电流。分段器必须和前级主保护开关配合,在失压和无电流的情况下自动分闸。当发生永久性故障时,分段器操作机构动作进行分合闸,达到预定次数的分合闸操作后闭锁于分闸状态,从而达到隔离故障线路区段的目的。若为瞬时性故障或故障已被切除,分段器将会在达到预定最大动作次数前合闸成功并保持合闸状态,并经一段延时后恢复到预先的整定状态,为下一次故障做好准备。

2.2.3 智能化终端设备

2.2.3.1 智能化终端设备的基本概念

智能化终端设备,其全名为配电网自动化馈线远方终端单元,是安装在配电室或馈线上的智能终端设备,其包含馈线终端单元和配电终端单元,一般统称为 FTU(CFTU,Feeder Terminal Unit),是整个馈线自动化系统的基础控制单元,起到了连接开关与数据采集和主站的桥梁作用[4]。根据应用场合可分为户外 FTU、环网柜 FTU 和开闭所 FTU,三种类型的 FTU 的基本功能相同,都包括遥信、遥测、遥调和故障电流检测等功能,主要区别在于监控馈线的数量不一样。FTU 通过通信功能,可以将检测的配电网运行数据、报警信息等通过与远方主站通信,传送给主站,同时也可通过远方操作实现对 FTU 的控制、调节和参数整定。

2.2.3.2 FTU 的组成及功能

FTU 在本质上是一个具有独立工作能力的智能设备,主要由远方终端控制器、充电器、蓄电池等部分组成,而远方终端控制器是 FTU 的核心模块,需要完成 FTU 的主要功能,包含参数整定、信号测量、逻辑计算、控制输出、通信处理等[5]。FTU 系统通常包括模拟量采集回路、数字量采集回路、通信接口及 CPU、RAM、ROM 等核心芯片。为追求高性能的滤波和信号处理能力,目前

FTU 已逐渐采用 32 位高集成性能的 DSP 部件。图 2-1 所示为典型的 FTU 系统功能结构框图。

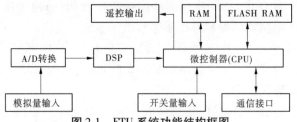

图 2-1　FTU 系统功能结构框图

在 FTU 系统功能结构框图中,模拟量输入主要包括测量电压信号、测量电流信号、保护用电流测量信号、保护用电压测量信号、零序电压信号、零序电流信号、相位角、温度、蓄电池电压等;开关量输入主要包括开关设备的开合状态、继电保护装置的动作情况等;遥控输出主要是控制开关的开合动作、备用电源的自投等;通信接口通常包含就地通信、用户通信和主站通信。

FTU 通过安装在电源侧的 10 kV 电压互感器采集馈线的电压信息,通过开关上的电流互感器采集馈线的线路电流信息。基于上述采集信息,通过 A/D 转换、DSP 处理或相关程序运算可获得电压、电流、有功功率、无功功率、功率因数、电量等监视系统运行所需的数据。通过开关辅助节点,获取开关的开合状态、储能电源的电量状态等。利用通信接口及通信设备,将所采集信息传送至控制子站或主站,控制子站或主站通过执行相应的控制指令,对开关进行相应的分合闸操作。依据 DL/T 721—2013 配电网自动化系统远方终端电力行业标准,FTU 通常所具备的具体功能[6]如下所述。

1. 基本功能

(1)配电自动化终端及子站应采用模块化、可扩展、低功耗的产品,具有高可靠性和适应性。

(2)配电自动化终端及子站的通信规约支持 DL/T 634.5101、DL/T 634.5104 规约,并在条件成熟时支持 DL/T 860(IEC 61850)传输协议。

(3)配电自动化终端及子站应具备对时功能,接收主站对时命令,或接收网络、北斗(GPS)等对时命令,与系统时钟保持同步。

(4)配电自动化终端电源可采用系统供电和蓄电池(或其他储能方式)相结合的供电模式。

(5)配电自动化终端应具有明显的装置运行、通信、遥信等状态指示。

2. 必备功能

(1)采集并发送交流电压、电流,支持超越定值传送。

（2）采集并发送开关动作、操作闭锁、储能到位等状态量信息，状态变位优先传送。

（3）采集温度、蓄电池电压等直流信息并向上级传送。

（4）应具备自诊断、自恢复功能，对各功能部件及重要芯片可以进行自诊断，故障时能传送报警信息，异常时能自动复位。

（5）应具有热插拔、当地及远方操作维护功能。

（6）可进行参数、定值的当地及远方修改整定。

（7）支持程序远程下载。

（8）提供当地调试软件或人机接口。

（9）应具有历史数据存储能力，包括不低于256条事件顺序记录、30条远方和本地操作记录、10条装置异常记录等信息。

（10）配电终端应具备串行口和网络通信接口，并具备通信通道监视功能。

（11）具备后备电源或相应接口，当主电源故障时，能自动无缝投入。

（12）具备软硬件防误动措施，保证控制操作的可靠性。

（13）具备实时控制和参数设置的安全防护功能。

（14）具备当地/远方操作功能，配有当地/远方选择开关及控制出口压板。

（15）遥控应采用先选择、再执行的方式，并且选择之后的返校信息应由继电器接点提供。

（16）具有故障检测及故障判别功能。

（17）具备数据处理与转发功能。

（18）工作电源工况监视及后备电源的运行监测和管理。后备电源为蓄电池时，具备充放电管理、低压告警、欠压切除（交流电源恢复正常时，应具备自恢复功能）、人工/自动化控制等功能。后备电源为蓄电池供电方式时，应保证停电后能分合闸操作三次，维持终端及通信模块至少运行8 h；后备电源为超级电容供电方式时，应保证停电后能分合闸操作三次，维持终端及通信模块至少运行1 h。

3. 选配功能

（1）可根据需要配备过流、过负荷保护功能，发生故障时能快速判别并切除故障。

（2）实现电压、电流、有功功率、无功功率的测量和计算。

（3）具备小电流接地系统（中性点非有效接地系统）的单相接地故障检测，支持就地馈线自动化功能。

（4）配电线路闭环运行和分布式电源接入情况下宜具备故障方向检测

功能。

（5）可以检测开关两侧相位及电压差，支持解合环功能。

（6）支持 DL/T 860（IEC 61850）对配电自动化扩展的相关应用。

2.2.4　配电网馈线自动化设备配置

2.2.4.1　配电网馈线开关设备的配置

配电网馈线开关设备配置的目的是通过合理数量的断路器、重合闸、分段器等开关设备的位置配置，使其能在最大程度上提高配电网的自动化水平和供电可靠性，解决技术性和经济性综合协调的优化问题。目前，国内外通常采用两种方法进行配电网馈线开关设备的配置：简单分段法和最优化方法。

简单分段法主要以可靠性收益与可靠性成本综合分析为基础，利用是否设置馈线开关设备对造成停电损失的量化计算确定馈线开关设备的位置与数量。相关研究表明[7]，对于主馈线的馈线开关的配置准则为：当在馈线区段不设馈线开关与所有段均设馈线开关两种状态下系统的年停电损失之差小于馈线开关的年费用时，则需要在该段馈线首端装设馈线开关。相关研究表明[8]，对于主馈线末端馈线开关设备的配置原则为：对每段主馈线末端装设馈线开关设备后对应分支馈线减少的停电损失大于分段开关等年值成本时，馈线末端才有必要装设馈线开关设备。简单分段法具有简单、直接和便捷的优点，在工程中已经被应用。然而，因其配置原则属于充分非必要条件，该类方法并不能保证全局最优的配置结果。

随着针对具有离散变量优化问题的相关最优化技术的快速发展，配电网馈线开关设备配置的最优化准则成为研究的热点。该类方法的基本原理为：确定优化目标和相应约束条件，然后选择一种有效的最优化方法对其进行决策求解，从而确定馈线开关设备的位置和数量。利用最优化技术确定配电网馈线开关设备装置位置和数量时，通常采用投资费用、维护费用和供电损失费用之和作为决策目标，而约束条件一般包括可靠性约束、节点电压约束、馈线支路负荷约束、网络拓扑约束及潮流约束等[9-12]。采用决策方法主要有群体智能算法[9]、0-1 整数规划法[10]、动态规划法[11]、二分法[12]等。利用群体智能算法优点在于处理离散变量时方便，但存在容易陷入局部最优，无法真正找到最优配置策略的缺点。采用动态规划法时可能因变量数太多，导致陷入尾数灾，而二分法的求解方法普适性差。总体而言，基于最优化的馈线开关设备配置方法还处于发展阶段，但必将随着最优化技术，如半定规划、互补优化理论、非光滑优化等技术的发展获得契合工程应用的最优化馈线开关设备配置方法。

当馈线开关设备位置和数量通过简单分段法或最优化方法确定后,在进行具体配置时还要遵循以下原则:

(1)10 kV 架空线路柱上分段及联络开关一般选用 SF₆ 或真空负荷开关,具备免维护或少维护的功能,并根据配电自动化规划配置或预留自动化功能。

(2)变电站馈线断路器保护不到的农田或山区 10 kV 架空长线路的中末端适当位置选用重合器保护。

(3)10 kV 架空线路故障多发支线可安装故障自动隔离负荷开关,对 10 kV 架空线路用户和 10 kV 电缆单环网用户应在产权分界点处安装用于隔离用户内部故障的自动隔离负荷开关。

2.2.4.2 智能化终端设备的配置

通常当馈线开关设备配置后,和馈线开关设备相对应进行智能化终端设备的配置,该方法简单、便捷、直接,可实现对馈线开关设备的监控、信息采集、就地与远程操作等,是工程中在经济条件允许的情况下常用的配置方法。但该方法存在导致资源配置的经济性下降和技术浪费的问题,因此基于最优化的配置方法被提出[13]。文献[13]从一次网架、可靠性和经济性三个方面进行分析,探讨对智能化终端设备配置的影响机制,在此基础上建立了可靠性和经济性双重约束下的智能化终端设备配置的最优化方法,使在满足可靠性要求的基础上经济上达到最优,为馈线智能化终端设备配置提供了新途径。

2.3 配电网远方控制馈线自动化模式

配电网远方控制馈线自动化模式包含分布式智能型馈线自动化模式和集中智能型馈线自动化模式。

2.3.1 分布式智能型馈线自动化模式

在分布式智能型馈线自动化模式中,相邻的智能化终端设备间依靠高可靠性和高信息交换效率的通信网络实现信息共享,大部分时间无需主站系统的参与,当配电网发生故障时主要依靠相邻 FTU 间的信息交换,实现故障馈线区段的位置辨识、隔离及供电恢复。通常分布式智能型馈线自动化模式具有以下技术特征[14]:

(1)智能化的终端设备 FTU 能及时监测周围情况,可动态实时获取整个配电系统的运行状况,能够完成复杂的运算逻辑,对配电网系统可能出现的各种状况具有强适应性。

（2）尽量避免主站系统对系统发生事件后的参与，所有决策由智能化终端设备 FTU 之间相互协商做出。

（3）系统馈线发生故障后不出现越级跳闸。

（4）一次系统接线方式改变后，要实现只对相关配电终端的保护定值做微小改动。

（5）一次系统可灵活地接入新能源。

（6）要具备基本的"三遥"功能，并可进行保护远程设置。

（7）系统发生故障后能够在数秒内完成故障隔离和系统重构，减少故障停电时间和范围。

在分布式智能型馈线自动化模式中，配电网馈线发生故障后，故障辨识与隔离的基本过程为：如果某一段配电网馈线发生短路故障，在故障点电源侧的智能化终端设备检测到故障电流信号；相反，负荷侧的智能化终端设备检测不到故障电流信号，然后相邻智能化终端设备之间通过保护信号专用通信网络实现故障信息交换，从而辨识出馈线故障的区段，并通过故障馈线两侧的智能化终端设备实现馈线开关设备的跳闸闭锁来隔离故障区域。下面以图 2-2 所示的"手拉手"环式接线配电网为例，进一步分析分布式智能型馈线自动化模式的馈线故障辨识原理。

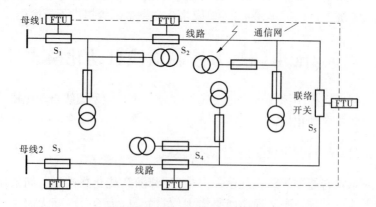

图 2-2 "手拉手"环式接线配电网

如图 2-2 所示的馈线发生短路故障，断路器 S_1 与分段开关 S_2 之间区段上的故障电流是穿越性的，即断路器 S_1 和分段开关 S_2 处的 FTU 同时检测到故障过电流；分段开关 S_2 与 S_3 之间馈线区段上的故障电流是注入性的，即分段开关 S_2 处的 FTU 检测到故障过电流；而分段开关 S_3 处的 FTU 未检测到故障过电流,相邻的 FTU 间通过通信网络实现故障电流信息共享,从而判定出馈线故障区段发生在分段开关 S_2 与 S_3 之间。确定故障区段后,将与之相连的所有分段开关断开。故障被隔离后,首先合上变电站出线断路器,恢复故障点上游区的供电。联络开关 S_5 在检测出一侧带电而另一侧失电后,等待延时完成闭合,恢复对其他非故障线路区段的供电。

基于上述分析可知,分布式智能型馈线自动化模式的优点在于:能够缩短故障隔离及非故障区段的供电恢复时间,并在一定程度上减轻了上级配电主站的负担。但因 FTU 之间需要互相的交换信息,因此通信配置较复杂,费用较高,付出的经济代价大。此外,其故障辨识的准确性依赖于通信系统的可靠性及智能化终端设备工作的可靠性,若出现通信信息畸变及 FTU 工作失效的情况,将会导致馈线故障区域的错判,造成事故范围的扩大。例如,图 2-2 中的馈线故障时,若馈线开关 S_2 处智能化终端设备故障或受干扰未检测出故障过电流,断路器 S_1 与分段开关 S_2 之间区段上的故障电流及分段开关 S_2 与 S_3 之间馈线区段上的故障电流都成为注入性的,因此将判断出两处馈线发生故障,出现了错判,扩大电网的事故范围。

此外,在进行供电恢复时,分布式智能型馈线自动化模式难以从全局判定供电恢复方案的最优性,当存在多种供电恢复方案时,只能按照一定的顺序进行试探合闸,当检测到不存在过负荷时,即确定出供电恢复方案,但此时的方案可能导致配电网潮流分布不合理,造成配电网线损增加和运行综合经济性下降。下面以图 2-3 为例进一步分析分布式智能型馈线自动化模式下故障后的恢复方案[17]。

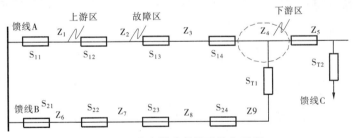

图 2-3　集中模式的故障恢复示例

下游区有多个恢复方案组合:①当馈线 B 满足安全性和可靠性要求的负荷裕度时,合上联络开关 S_{T1} 以将馈线 A 的下游区的配电网馈线负荷转移到馈线 B;②当馈线 C 满足安全性和可靠性要求的负荷裕度时,合上开关 S_{T2} 以将馈线 A 的下游区的配电网馈线负荷转移到馈线 C;③当馈线 B 和馈线 C 的负荷裕度在安全性和可靠性上都不满足恢复下游区配电网馈线（Z_3、Z_4 和 Z_5）的全部负荷，但馈线 B 的负荷裕度满足恢复区段 Z_3 和 Z_4 负荷的安全性和可靠性要求，馈线 C 的负荷裕度满足恢复区段 Z_5 负荷的安全性和可靠性要求时，则可以首先通过遥控操作拉开开关 S_{14}，然后合上开关 S_{T1} 和 S_{T2}，以恢复下游区全部负荷的供电。

由上述分析可知，当配电网规模较大或接线复杂时，恢复方案组合将成几何倍数增长，采用试探合闸方法，在选择可行的恢复方案时，难以同时满足网络拓扑约束、潮流和电压约束，而且将会极大地增加停电时间，降低系统运行的可靠性。

2.3.2　集中智能型馈线自动化模式

图 2-4 所示为集中智能型馈线自动化模式。该模式由现场设备层、区域集结层和控制中心层组成。其中，现场设备层主要由智能化终端设备和电量集抄器等构成，统称为配电自动化终端设备，在柱上开关处安装馈线终端单元，完成对柱上开关的监控，包括负荷、电压、功率、开关开闭情况等，并将上述信息上传至区域集结层；区域集结层以 110 kV 变电站或重要配电开闭所为中心，将配电网划分成多个配电区域，在各区域中心设置配电子站（又称区域工作站），用于集结所在区域内大量分散的配电终端设备，如智能化终端设备（FTU）、配变终端单元（TTU）和电量采集器的信息，并将上述信息上传至控制中心层；控制中心层建设在城市的区域供电控制中心（城市调度中心），通常配备基于交换式以太网的配电自动化后台系统，往往还包括配电地理信息系统、需方管理和客户呼叫服务系统等功能，用于管理隶属区域范围内的配电网。

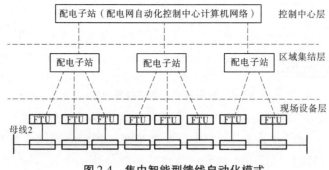

图 2-4　集中智能型馈线自动化模式

当配电网馈线发生故障时,由现场设备层的智能化终端设备采集并记录下故障前及故障时的重要信息,如最大故障电流和故障前的负荷电流、最大故障功率、报警信息值等,并经通信系统送至区域集结层或进一步送至控制中心层,由系统根据配电网的实时拓扑结构按照一定的逻辑算法或最优化算法确定故障区段,可通过合理的故障定位模型和优化算法,使得在部分智能化终端设备受到干扰或故障造成报警信息畸变时,仍然能够准确地辨识出馈线故障发生区段。在进行供电恢复时,可以根据配电网拓扑结构、潮流分布等确定可行或优选的故障恢复步骤,自动或人工干预发出相应开关设备的操作命令,当采用优化策略时能够综合考虑开关操作次数、馈线裕度、负荷恢复量、网络约束等因素,提出最优的恢复方案[15,16],有效克服了分布式智能型馈线自动化模式的缺点,开关动作次数少,对配电系统的冲击小,特别适合于具有复杂结构的配电网。

随着配电网建设的快速发展、分布式电源和主动负荷的接入等,配电网规模不仅越来越大,而且结构越来越复杂,分布式智能馈线自动化模式的缺点将更加突出,集中模式的控制方案在故障定位容错性方面具有强适应性,供电恢复时具有高效性和综合协调性。此外,随着电子技术的发展,电子、通信设备的可靠性不断提高,计算机和通信设备的造价降低,光纤通信技术的发展等,从总体上集中智能型馈线自动化模式将成为我国电力企业馈线自动化故障处理的主要技术解决方案。

2.4 配电网数据采集与监视控制系统(SCADA)

2.4.1 配电网 SCADA 的功能与特点

配电网 SCADA 源于工业 SCADA,在 19 世纪 90 年代已经出现了远动控制和远程显示技术。20 世纪 20 年代,基于电话通信技术,多点传输技术被应用于商业化的 SCADA 控制系统中。20 世纪 60 年代,计算机技术的发展推动了 SCADA 控制系统结构的变革,使得远程参数的大规模获取和大量物理装置的控制更加方便,基于计算机技术的 SCADA 控制系统成为发展主流。SCADA 是一个由计算机、网络数据通信和高级过程监控管理的图形用户界面构成的控制系统架构,并使用可编程逻辑控制器和离散 PID 控制器等其他外围设备与处理器或处理站相连接,通过 SCADA 监控计算机系统来处理能够监控和发出过程命令的操作员接口,如控制器的工作点变化,利用连接到就地传感器和执行器的网络化模块完成实时控制逻辑的执行和控制器计算。实际上,SCADA 系统是一类综合利用计算机技术、控制技术、通信与网络技术等的计算机远程控制与数据采集系统,完成测控点分散的各种过程或设备的实时数据采集,以及生产过程的全面实时监控。

配电网 SCADA 是以计算机为基础面向配电网生产控制和调度自动化的数据采集与监视控制系统,主要通过远程监测装置实现配电网运行参数和状态量的采集、数据的处理与设备的远程控制等。监测装置主要监控对象包括变电站内的 RTU、监测配电变压器运行状态的 TTU 及监控馈线运行状态的 FTU。通常配电网 SCADA 基本功能包括数据采集、数据处理、报警、故障定位、状态监视、事件顺序记录、统计计算、事故追忆、历史数据存储、监督控制、无人值班变电站接口、定值远方切换、线路动态着色等。尤其是数据采集功能,其利用 FTU 周期性或事件驱动机制采集配电网的运行数据,是 SCADA 系统最基本的功能,通过 FTU 监视馈线参数,如主要线路的电流、电压、零序电流、零序电压、功率流大小及方向、相位、重合器的整定和状态、分段器和柱上断路器状态、静补电容器组状态、电压调整器状态、设备位置等。通过采集的数据不仅可全面地了解配电网的动态运行情况,而且是其他功能如电网故障诊断、电网状态估计、电网网损计算、电压质量评估等所需数据的基础信息源。

受配电网结构、规模和运行方式等综合因素的影响,配电网 SCADA 的主要特点有:

(1)监控的对象多、数量大、面积广。配电网 SCADA 除监控变电站的设备外,还包含大量馈线沿线设备的监控,例如柱上变压器、开关和刀闸,监控对象的数量远远高于输电网的监控对象数量,且因监控对象位置分散、分布面积广、采集参数多等因素影响,大幅度增加了采集信息的困难。

(2)配电网运行方式多变。随着配电网负荷的变化,为提高配电网运行的综合经济性,通常采用配电网重构措施优化配电网潮流分布,从而造成配电网结构的变化;配电网所处环境比较复杂,发生故障的概率远比输电网的故障率高。因此,配电网的操作频度远比输电网多,配电网 SCADA 除需采集静态参数外,还必须采集配电网的动态数据,如开关的动作信息、短路电流和短路电压等,对数据的实时性要求更高。

(3)配电网馈线监控终端工作环境复杂多变,容易造成数据采集信息的丢失或畸变,降低数据源信息的可靠性,因此配电网 SCADA 对数据源信息处理时要求具有强适应性和高容错性。

(4)配电网远程控制集中式馈线自动化模式所需的数据信息源分布的范

围广、信息量大且要求实时性高,因此配电网 SCADA 对通信系统的实时性、可靠性要求更高。

（5）可中断负荷、主动负荷、分布式发电接入、电动汽车与配电网的双向互动等使得配电网运行时受不确定因素影响更加明显和频繁,因此配电网SCADA 对系统的不确定性要具有强适应性。

2.4.2 配电网 SCADA 的监控对象与任务

依据配电网组成,配电网 SCADA 基本监控对象包括变电站 10 kV 出线、10 kV 馈线线路、开闭所和配电变电所、二次设备等。通过对各个监控对象的监控可以达成相应的"四遥"任务,即遥信、遥测、遥控、遥调。

（1）遥信:利用现场终端设备采集配电网的各种开关设备的实时状态(开关量),如断路器位置信号、断路器失灵信号、各种越限动作跳闸信号、重合闸动作信号、交直流电源异常信号、分段开关位置信号,并通过配电网的传输信道送到监控子站或主站。

（2）遥测:利用现场终端设备采集配电网的各种模拟量(如电流、电压、短路电流、短路电压、用户负荷、相位等)的实时数值,并通过配电网的传输信道送到监控子站或主站。遥测信息以采集电流信息为主,同时考虑小电流接地信号的采集。

（3）遥控:由运行人员通过监控主站或子站发送开关开合命令,通过配电网信息传输信道传给现场终端执行机构,实现开关设备远程开合操作,从而实现配电网运行方式优化、故障隔离、用户供电恢复等。

（4）遥调:由运行人员通过监控主站、子站或高级监控程序发送参数调节命令,并通过配电网传输信道传达给现场设备终端调节机构对特定参数进行调节,从而实现参数整定和基准值重新设置。

配电网 SCADA 的任务可归纳为:向配电网运行人员提供配电网实时数据,使其动态了解配电网实时情况和负荷变化趋势;为各种电力系统自动化高级功能软件提供准确可靠的信息源,实现对配电网优化控制、调度、故障预测和恢复;提升配电网自动化水平,提高工作效率,减轻运行、操作、维护人员的劳动强度。

2.4.3 配电网 SCADA 的配置

依据配电网 SCADA 的特点,配置时通常采用分层组织模式,即把分散的配电网自动化终端设备组成多个配电子站,实现监控信息的区域集结,然后汇集到配电主站,实现配电网 SCADA 的数据采集和控制功能。此外,因配电网进线监视、开闭所监视、馈线自动化、配变监视等之间具有强耦合性,需要将馈线自动化、开闭所监视及配电变电站自动化等集成为一体化的配电网 SCADA。当监控对象分散性强、数量大、面积广时,可进一步对子站进行多级分层。图 2-5 所示为配电网 SCADA 分层配置结构原理图。

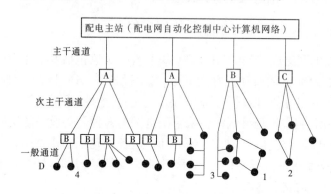

A——一级主站;B—二级主站;C—开闭所 RTU;D—FTU;
1—主从结构;2—多点环式结构;3—多点共线结构;4—对一结构

图 2-5 配电网 SCADA 分层配置结构原理图

配电网 SCADA 的分层配置主要包括主站配置、子站配置、自动化终端设备配置。主站通常设置在配电管理中心,分为单独配置模式和电力调度中心协同配置模式;子站又称为中压监控单元,其配置位置、数量、层级数等取决于配电网结构、规模、负荷情况、地理环境等,其配置模式通常有独立模式、与变电站自动化系统协同配置模式;自动化终端设备配置有多点共线模式、主从模式、多点环式模式、一对一模式,采取何种模式要在对可靠性、经济性、监控对象的数量、规模等综合分析的基础上确定。

2.4.4 配电网 SCADA 与集中智能型馈线自动化系统

集中智能型馈线自动化系统通常都建立在配电网 SCADA 基础上,利用其提供的数据源信息实现配电网馈线故障的辨识、供电恢复等。配电网 SCADA可比作自然界生命体的神经元,利用其获取集中智能型馈线自动化系统所需的继电保护动作信息、过电流信息、开关位置信息等,而馈线自动化系统则是一个信息加工场,当检测到配电网 SCADA 存在故障报警信号时,通过故障辨识算法对由配电网 SCADA 获取的数据源信息进行分散或集中处理,找出馈线故障的位置,然后利用供电恢复算法确定供电恢复优选方案,并将馈线故障位置、供电恢复方案上传至配电网 SCADA,进而利用配电网 SCADA 的遥调功能实现故障馈线隔离与非故障区域的供电恢复。图 2-6 所示为配电网 SCADA 与集中智能型馈线自动化系统间耦合关系。

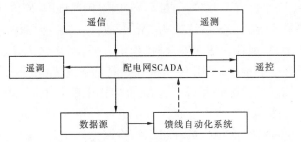

图 2-6　配电网 SCADA 与集中智能型馈线自动化系统间耦合关系

2.5　配电网地理信息系统(GIS)

2.5.1　配电网 GIS 的功能与特点

地理信息系统又称为"地学信息系统",它是在计算机硬、软件系统支持下,对整个或部分地球表层空间中相关地理分布数据进行作图、采集、储存、管理、运算、分析和统计的空间信息系统,最主要特点就是将数据信息可视化,在降低运行人员工作强度、提高系统空间设备的管理效率等方面具有重要作用。配电网具有设备多、地理分布广、运行环境复杂、故障率高等特点,为提升配电网自动化水平、提高配电网供电可靠性、优化配电网的运行管理效率等,工程技术人员将配电网线路、变压器、杆塔、保护设备、开关设备等电力设备的位置信息、电气耦合信息、报警信息、潮流信息等集成到地理信息系统中,开发出适合配电网运行管理的配电网地理信息系统,以实现对各种电力设备的参数属性和运行信息的管理。

配电网地理信息系统的主要功能有[18]图层管理、图形编辑、图形显示、图形输出、信息查询、统计分析、潮流计算、拓扑结构辨识追踪等。

配电网地理信息系统的主要特点为:通过将配电网信息可视化(如将某个故障设备的位置和故障类型在系统中显示出来),能以地理信息为背景,将图形软件和数据库相结合,从而实现对各种电力设备的参数属性和运行信息的监视、管理、控制,且其可与配电网 SCADA 等系统实现信息共享。

2.5.2 配电网 GIS 的系统组成

配电网 GIS 主要有基于局域网的 C/S(client/server) 系统架构和基于因特网的 B/S(browser/server) 系统架构两种类型。C/S 系统架构操作灵活、响应速度快、数据安全性好、网络通信量小,但因采用局域网,使得使用范围和信息共享方面略显不足。B/S 系统架构具有开放性、扩展性、服务器负担轻、便于信息共享等优势,但存在信息安全、操作不方便、网络堵塞等不足。为有效克服上述系统架构的不足,采用 C/S 和 B/S 混合系统架构的配电网 GIS 可实现上述两种架构系统的优势互补[19]。三种架构下的配电网 GIS 的结构上相似之处在于由网络、数据、硬件、软件、方法五部分组成的数据库,数据库管理系统,硬件与软件系统,应用人员和组织机构四个模块,实现设备和用户的权限管理、图形维护、拓扑追踪、信息查询、报表统计、数据分析及与信息共享等功能。图 2-7 所示为配电网 GIS 的系统组成。

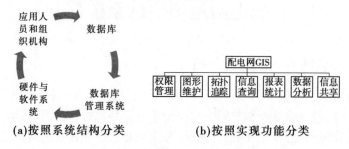

(a)按照系统结构分类　　　　**(b)按照实现功能分类**

图 2-7　配电网 GIS 的系统组成

2.5.3 配电网 GIS 与集中智能型馈线自动化系统

集中智能型馈线自动化系统故障定位算法的有效性不仅和配电网 SCADA 中获取故障过电流报警信息有关,而且和配电网馈线节点间的耦合关联关系直接关联。在配电网自动化背景下,为实现配电网的安全、可靠、优质、高效运行,需要依据负荷水平动态调整负荷的供电路径和供电电源,从而会导致配电网拓扑结构的变化。此外,故障线路的切除措施也会导致配电网馈线节点间的拓扑耦合关系发生变化。因此,馈线自动化系统需要依据配电网拓扑变化情况动态调整故障定位算法,而配电网 GIS 的拓扑追踪模块可为馈线自动化系统提供馈线节点耦合关联信息、拓扑动态变化信息,即配电网 GIS 是配电网馈线自动化系统的拓扑信息源。图 2-8 所示为配电网 GIS 与集中智能型馈线自动化系统间耦合关系。

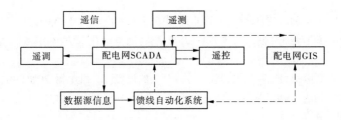

图 2-8　配电网 GIS 与集中智能型馈线自动化系统间耦合关系

2.6　本章小结

配电网远方控制馈线自动化是配电网馈线故障辨识最优化技术的理论基础,本章围绕着馈线自动化设备配置、远方馈线控制自动化模式、配电网 SCADA、配电网 GIS 四个方面的内容进行介绍,主要内容可概括为:

(1)介绍了重合器、断路器、分段器三种配电网馈线自动化开关设备,简要分析了三种设备的结构特点与功能,概括了其在配电网中的配置方法与原则。

(2)简要介绍了智能化终端设备的概念、组成和功能,归纳总结其在配电网中的配置方法。

(3)概括总结、简要分析和比较了分布式和集中式两种配电网远方控制馈线自动化模式的结构、故障定位过程、优缺点等。

(4)简要介绍了配电网 SCADA 的功能特点、系统组成等内容,阐述了其与配电网集中智能型馈线自动化系统间的关系。

(5)简要介绍了配电网 GIS 的功能特点、监控对象与任务、系统配置等内容,阐述了其与配电网集中智能型馈线自动化系统间的关系。

参考文献

[1] 林功平.配电网馈线自动化技术及其应用[J].电力系统自动化,1998,22(4):64-68.

[2] 张敏,崔琪,吴斌.智能配电网馈线自动化发展及展望[J].电网与清洁能源,2010,26(4):41-43.

[3] 林功平,徐石明,罗剑波.配电自动化终端技术分析[J].电力系统自动化,2003,27(12):59-62.

[4] 袁龙,滕欢.基于 IEC 61850 的馈线终端的研究[J].电力系统继电保护与控制,2011,

39(12):126-129.

[5] 杨武盖.配电网及其自动化[M].北京:中国水利水电出版社,2004.

[6] 国网电力科学研究院.DL/T 721—2013 配电网自动化远方终端[S].国家能源局,2013.

[7] 万国成,郭晓玉,任震.配网馈线上分段开关的设置[J].继电器,2002,30(11):10-13.

[8] 万国成,任震,荆勇,等.主馈线分段开关的设置研究[J].中国电机工程学报,2003,23(4):124-127.

[9] 谢开贵,周家启.基于免疫算法的配电网开关优化配置模型[J].电力系统自动化,2003,27(15):35-39.

[10] 王天华,王平洋,范明天.用 0-1 规划求解馈线自动化规划问题[J].中国电机工程学报,2000,20(5):54-58.

[11] 谢开贵,刘柏私,赵渊,等.配电网开关优化配置的动态规划算法[J].中国电机工程学报,2005,25(11):29-34.

[12] 葛少云,李建芳,张宝贵.基于二分法的配电网分段开关优化配置[J].电网技术,2007,31(13):44-49.

[13] 徐飞.配网自动化条件下的 FTU 优化配置[J].四川电力技术,2013,36(2):48-53.

[14] 何锐,陈建,张智,等.分布式智能技术在智能配网馈线自动化中的应用[J].宁夏电力,2007:29-33.

[15] 焦振有,焦邵华,刘万顺.配电网馈线系统保护原理及分析[J].电网技术,2002,26(12):75-78.

[16] 焦邵华,焦燕莉,程利军,等.馈线自动化的最优控制模式[J].电力系统自动化,2002,26(21):49-52.

[17] 刘海涛,沐连顺,苏剑.馈线自动化系统的集中智能控制模式[J].电网技术,2007,31(23):17-21.

[18] 严晓蓉,周仁华.配电网 GIS 地理信息系统[J].电力自动化设备,1998,68(4):37-38.

[19] 李国庆,潘振波,王丹,等.基于 C/S 与 B/S 混合架构的配电地理信息系统[J].电网技术,2009,33(6):102-106.

第3章 配电网故障辨识最优化基础理论

3.1 引 言

最优化方法(也叫运筹学),通常是指利用数学方法辅助决策者找出一定资源约束下的决策方案或运行策略,实现单个指标或多个指标最优。配电网故障辨识最优化理论则是以最优化方法为基础,以配电网为研究对象,基于配电网远方控制馈线自动化的数据采集信息,建立配电网故障辨识优化指标和约束条件,以此为基础采用某种最优化方法确定配电网故障辨识优化模型的最优目标函数值所对应的决策向量值,从而确定配电网馈线故障区段位置。

最优化方法应用于工程中一般涉及四个关键部分:首先,确定研究与应用对象,即明确应用的目标对象;其次,确定对象的内生变量、外生变量及其性质,即确定对象的自变量、因变量及连续性特性;再次,构建目标函数与约束条件,建立工程应用问题的最优化数学模型;最后,分析最优化模型的非线性特征和连续性特性,确定最优化模型的最优化决策求解方法。

实际中,将最优化方法应用在工程中是一个繁杂的过程,通常研究与应用对象容易确定,然而对于内生变量和外生变量的确定,却因不同的决策者对工程问题的认知程度不同可能会导致很大的差异,甚至同一决策者随着时间推移对问题认知的深度加深,也会导致同一问题所选择的内生变量和外生变量不同,对于最优化模型的构建和确定变量具有类似的特性且更加复杂,有时需要对问题的描述和模型进行反复修改,在进行优化决策时选择一种有效的决策方法也是决策者所面临的一项复杂的任务。

本章将围绕着配电网故障辨识最优化理论所涉及的逻辑优化问题、线性整数规划问题、非线性规划问题、互补约束优化问题等进行论述,为后续章节的应用提供理论基础。

3.2 约束最优化问题的一般描述

3.2.1 约束最优化问题的一般数学模型

x、y为决策变量(内生变量),$x = [\, x_1 \; x_2 \cdots \; x_n \,]^{\mathbf{T}}$,$y = [\, y_1 \; y_2 \cdots \; y_m \,]^{\mathbf{T}}$,$g(x,y)$为不等式约束组,$h(x,y)$为等式约束组,$\mathbf{Z}^+$为非负整数集,则约束最优化问题的一般数学模型[1]为

$$\begin{cases} \min f(x,y) \\ \text{s. t.} \;\; g(x,y) \leqslant 0 \\ h(x,y) = 0 \\ x \geqslant 0, y \geqslant 0, y \in \mathbf{Z}^+ \end{cases} \tag{3-1}$$

3.2.2 约束最优化问题的数学模型的解

若对于解$(x,y) \in \mathbf{R}^{m+n}$,且满足$g(x,y) \leqslant 0$、$h(x,y) = 0$和$x \geqslant 0, y \geqslant 0$,$y \in \mathbf{Z}^+$,则称$(x,y)$为式(3-1)的可行解,由所有式(3-1)的可行解组成的集合称为可行解集。

若在可行解集中某一可行解$(x^*,y^*) \in \mathbf{R}^{m+n}$相对于所有其他任意可行解$(x,y) \in \mathbf{R}^{m+n}$,不等式$f(x,y) \geqslant f(x^*,y^*)$恒成立,则称$(x^*,y^*) \in \mathbf{R}^{m+n}$为式(3-1)的全局最优解。

3.2.3 约束最优化问题分析的一般步骤

图3-1所示为约束最优化问题分析的一般步骤。

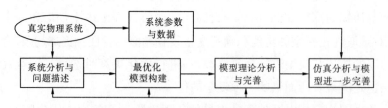

图3-1 约束最优化问题分析的一般步骤

依据图3-1,约束最优化问题分析的一般步骤为:首先,详细分析真实的物理系统,提炼出需要解决的问题并进行描述;其次,对物理系统进行数学建模,包含决策变量选择与作用空间构成、目标函数和约束条件构建;再次,对模

型有效性进行理论分析和完善,直到理论模型能够最好地描述真实物理系统;最后,选择一种有效的最优化决策方法,通过仿真分析对所建模型进一步进行有效性检验,若发现结果不能正确有效解释真实系统中的物理现象,需进一步对物理问题的数学描述和模型反复分析、修改和完善,直到达到预期要求。

3.3 配电网馈线故障辨识的最优化问题

3.3.1 配电网馈线故障辨识最优化问题的描述

配电网在给负荷供电时,因受运行环境、设备老化等因素影响将可能造成馈线短路故障,从而产生比正常运行条件下大得多的短路电流,威胁到配电网运行的安全可靠性,短路时间越长,其对电网的运行安全威胁就越大。因此,配电网馈线故障辨识的主要任务就是,当配电网馈线发生短路故障时,快速准确地找出发生故障的馈线位置并对其进行隔离,从而实现配电网的安全可靠运行。

依据配电网故障辨识的主要任务可以看出,其关注的直接对象为配电网馈线,最终目标是找出发生短路故障的馈线位置。在配电网自动化背景下,不考虑设备故障或信息误报等小概率事件影响,配电网正常运行时,智能化终端设备(FTU)在监控点不会采集到故障过电流,配电网主站或子站没有过电流报警信息,当配电网馈线发生短路故障时,智能化终端设备(FTU)采集到故障过电流并向配电网主站或子站发出过电流报警信息。配电网馈线故障辨识的最优化方法就是依据配电网主站或子站接收到的过电流报警信息,确定配电网馈线位置,其本质上就是找到一个故障馈线最能解释所有上传至配电网主站或子站的故障电流报警信号。

因此,配电网馈线故障辨识的最优化问题可以描述为:以馈线的运行状态作为决策变量,以假定馈线故障所确定的无畸变报警信息逼近智能化终端设备(FTU)上传的真实电流报警信息,即以无畸变报警信息和真实电流报警信息间的差异化最小作为优化目标。

3.3.2 配电网馈线故障辨识最优化问题的一般模型

因配电网馈线只有正常和故障两种状态,因此可直接用二值法表示馈线正常和故障,若 x_i 表示馈线 i 的运行状态,0 表示馈线正常,1 表示馈线故障,$\boldsymbol{X} = \begin{bmatrix} x_1 & x_2 & \cdots & x_n \end{bmatrix}^{\mathbf{T}}$ 为馈线的状态向量,$\boldsymbol{I}^*(\boldsymbol{X}) = \begin{bmatrix} I_1^* & I_2^* & \cdots & I_n^* \end{bmatrix}^{\mathbf{T}}$ 为

真实电流报警信息集,$I(X) = \begin{bmatrix} I_1 & I_2 & \cdots & I_n \end{bmatrix}^T$ 为假定故障馈线所确定的无畸变报警信息集,$f(I^*,I,X)$ 为真实电流报警信息集与故障馈线所确定的无畸变报警信息集间的逼近关系函数,则配电网馈线故障辨识最优化问题的数学模型可以表示为

$$\begin{cases} \min f(I^*,I,X) \\ X = \begin{bmatrix} x_1 & x_2 & \cdots & x_n \end{bmatrix}^T \\ x_i = 0/1 \end{cases} \quad (3\text{-}2)$$

依据式(3-2)可以看出,配电网故障辨识的最优化模型是具有离散整数变量的数学规划模型。对于含有离散变量的优化问题求解起来比较困难,通常优化模型的结构对其求解的难度又有很大影响,式(3-2)中目标函数 $f(I^*,I,X)$ 的构建方式不仅影响到配电网故障辨识的准确性,而且会影响故障辨识过程的效率。因此,对 $f(I^*,I,X)$ 的构建方式成为配电网馈线故障辨识最优化技术的建模和求解关键。目前,按照采用的运算规则主要分为逻辑建模方法和代数关系建模方法;按照最优化方法的不同可分为逻辑优化、线性整数规划、非线性规划、互补约束规划等。而基于代数关系建模的配电网馈线故障辨识最优化建模方法,因可采用数值稳定性好、求解效率高的现代优化方法决策求解,有望应用于大规模配电网馈线故障的在线辨识。因此,在基于最优化理论的配电网馈线故障辨识方法中,基于代数关系建模将替代传统的逻辑关系建模的方法,而成为主流的发展方向。

3.4　配电网馈线故障辨识的逻辑优化理论

3.4.1　配电网馈线故障辨识逻辑优化模型建模方案

在式(3-2)中,目标函数 $f(I^*,I,X)$ 的建模方式直接决定配电网故障辨识优化模型的决策求解方法。采用0/1逻辑建模,具有建模原理简单、易于描述馈线故障和电流报警信息间的逼近关系等优势,成为配电网馈线故障辨识优化模型的重要建模方法。依据文献[2]~[9],配电网故障辨识逻辑优化模型建模思路为:以馈线运行状态作为内生变量,采用 0－1 二值逻辑分别表示配电网馈线正常和故障两种运行状态,在此基础上利用逻辑"或"和逻辑"与"构建开关函数,利用绝对值逼近数学模型描述真实电流报警信息集与故障馈线所确定的无畸变报警信息集间的逼近关系,从而建立具有 0－1 离散变量和逻辑关系特征的配电网馈线故障辨识逻辑优化模型。图 3-2 所示为配电网馈线

故障辨识逻辑优化模型的构建步骤。

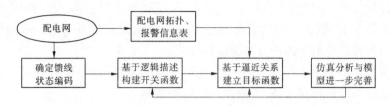

图 3-2　配电网馈线故障辨识逻辑优化模型的构建步骤

3.4.2　配电网馈线故障辨识逻辑优化模型求解方案

　　配电网馈线故障辨识逻辑优化模型因采用逻辑关系建模,且含有 0 - 1 离散变量,不能直接应用常规优化算法进行决策求解。群体智能优化算法因对优化问题求解时无需梯度信息、易于处理离散变量、具有全局收敛性、编程易于实现等优势,成为配电网馈线故障辨识逻辑优化模型主流的求解方法。目前已有很多的群体智能算法,如遗传算法、仿电磁学算法、和声算法等都应用于该领域,下面对其优化决策原理进行简要介绍。

3.4.2.1　遗传算法

　　遗传算法是模拟生物"适者生存""优胜劣汰"的进化过程及孟德尔遗传理论,通过生物进化中的繁殖、变异、竞争和选择过程得到问题最优解的随机全局搜索算法,其使用种群群体搜索技术,通过对当前种的自然选择和有性繁殖过程进行模拟,得到具有性能更加优越的新一代种群,反复重复上述过程,实现种群向全局最优解方向进化。遗传算法求解优化问题的基本步骤包括选择操作、交叉操作、变异操作等[10]。在优化决策过程中其以编码空间替代问题空间,以适应度函数作为种群个体优胜劣汰的依据,以编码群体为进化对象,通过对群体中个体位串的遗传操作实现选择、交叉、变异,建立起循环迭代过程,促进种群个体不断进化,逐渐逼近优化问题最优解。

　　基于标准遗传算法求解配电网故障辨识逻辑优化模型的理论框架为:

　　步骤 1:以配电网馈线状态为内生变量,以馈线位置为编码顺序,进行遗传算法种群个体编码,在配电网故障定位中采用二进制编码。

　　步骤 2:以随机方式、混沌生成策略或滤波方式等产生由配电网馈线状态组成的初始种群。

　　步骤 3:以式(3-2)中的目标函数值为基础构建遗传算法适应度函数,并对初始种群中的个体进行适应度计算。

步骤4:按照某种策略对种群中的个体进行选择,生成一个子种群作为产生子代的父母,并利用交叉算子、变异算子、选择算子产生新一代种群个体。

步骤5:以式(3-2)中的目标函数值为基础构建遗传算法适应度函数,并对新一代种群中的个体进行适应度计算。

步骤5:按照某种策略将新一代种群中适应度优的种群个体替代初始种群中适应度差的种群个体,形成新一代初始种群。

步骤6:判断算法是否满足终止准则,若不满足则转到步骤3。

理论仿真和工程应用表明,标准遗传算法的迭代过程易于出现早熟收敛,从而使优化问题的解陷入局部最优,而对于配电网故障定位的不利影响在于即便故障辨识模型合理,也会因遗传算法的早熟收敛而导致馈线故障的错判或漏判。此外,遗传算法因交叉概率、变异概率、选择策略的选择不当还将会导致算法的寻优过程太长,因效率低下难以应用于大规模配电网馈线的故障定位问题。为提升遗传算法对配电网馈线故障辨识问题的强适应性,目前学者从建模角度提出了分层分级故障定位模型建模方案,从算法角度提出了多种改进的遗传算法。文献[11]针对标准遗传算法容易出现早熟收敛现象、全局收敛速度慢等问题,提出融入助长算子的改进遗传算法,决策过程中使用助长算子对种群中的个体进行一定概率下的助长,一定程度上削弱了后代个体性能的消极退化现象,使得算法的全局寻优能力大大增强。文献[12]针对遗传算法的早熟收敛问题,引入多种群遗传算法,提出基于多种群遗传算法的含分布式电源配电网故障区段定位方法,采用多个种群对解空间协同搜索,避免算法陷入局部最优,以最优个体保持代数作为收敛条件,充分提高收敛效率。文献[13]对于配电网故障定位中遗传算法存在易早熟、收敛速度慢等问题,提出一种模糊自适应模拟退火遗传算法,在遗传选择时采用自适应机制与最佳个体保留策略,并结合模糊推理与自适应机制求取模糊自适应交叉算子、模糊自适应变异算子,引入模拟退火算法,提高收敛速度与局部搜索能力。

3.4.2.2 仿电磁学算法

仿电磁学算法是由美国北卡罗莱纳州立大学博士 Birbil 在 2003 年提出的一种新型全局优化算法。该算法通过模拟电荷间作用力的吸引和排斥机制,采用记忆和反馈机制,实现对优化问题的求解,在求解含有离散变量和非线性约束条件的优化问题时具有实现方便、效率高的优点。求解过程中,仿电磁学算法首先从可行域中随机产生一组初始种群,并将每个个体看作一个带电粒子,在迭代过程中根据每个粒子的评价函数值计算出其对应的电荷值,其值大小表明粒子与本次迭代中最好粒子的接近程度,电荷值越大表明其与最优粒子越接近,然后根据粒子及其电荷值来描述种群中每个粒子的矢量力大小和性质(吸引力或排斥力),最后通过种群移动模型来产生新一代种群。它是保证算法继续进化和种群多样性的必备条件,其作用类似于遗传算法的交叉和变异算子[14]。

基于仿电磁学算法求解配电网故障辨识逻辑优化模型的理论框架为[14]:

步骤1:以配电网馈线状态为内生变量,以馈线位置为编码顺序,进行种群个体二进制编码,产生0-1描述的初始种群矩阵。

步骤2:找出初始种群中最优粒子X_{best}及其对应的以式(3-2)为基础计算的评价函数值$f(X_{best})$。

步骤3:对种群进行局部搜索并找出本次迭代中最优粒子Y_{best}及其对应的以式(3-2)为基础计算的评价函数值$f(Y_{best})$,若$f(Y_{best}) < f(X_{best})$,则$X_{best} < Y_{best}$。

步骤4:判断步骤3是否满足最大的局部搜索次数。如果不满足$j = j + 1$,转到步骤3;否则,转到步骤5。

步骤5:根据电荷值和矢量力公式计算种群中所有粒子所受矢量力的值。

步骤6:利用种群进化模型产生新的种群,并找出新种群中最好的粒子Y_{best}及其对应的评价函数值$f(Y_{best})$,若$f(Y_{best}) < f(X_{best})$,则$X_{best} < Y_{best}$。

步骤7:判断是否满足算法最大的迭代次数,若不满足$k = k + 1$,转到步骤3;否则,转到步骤8。

步骤8:算法终止,输出最优粒子X_{best}及其对应的目标函数值$f(X_{best})$,定位出发生故障的区段。

和遗传算法类似,仿电磁学算法作为随机全局优化算法存在着早熟收敛问题而导致故障区段的错判或漏判,在利用仿电磁学算法求解配电网故障辨识逻辑优化模型时,为防止算法陷入局部最优而产生故障区段误判,文献[14]还对标准仿电磁学算法的初始种群的产生策略、种群进化模型两方面进行了改进。此外,在其他技术领域提出了多种改进的仿电磁学算法,提高了该算法的全局寻优性能。文献[15]中通过在仿电磁学算法中引入被动聚集思想,采用自适应权重、自适应变异和精英策略等措施来改善其全局收敛性。

3.4.2.3 和声算法[16]

和声算法是近几年出现的一种模拟音乐演奏中乐师们记忆过程和对乐器调整过程的启发式全局优化算法,具有时间复杂度小、结构简单、应用范围广等优点。在和声算法中,每个乐器的音符对应于目标函数中的每个变量,音乐演奏的目的是使音乐美妙动听,而优化的目的是使目标函数达到极小值。

基于和声算法求解配电网故障辨识逻辑优化模型的理论框架为[14]：

步骤1：问题和算法参数初始化，包括目标函数、变量集、声记忆库大小（HMS，产生新解时从声记忆库中保留解分量的概率大小）、解的维数、和声记忆库保留概率（HMCR，产生新解时从和声记忆库中保留解分量的概率大小）、微调扰动概率（PAR，每次对部分解分量进行微调扰动的概率大小）和终止条件等。

步骤2：以配电网馈线状态为内生变量，以馈线位置为编码顺序，随机产生种群个体二进制编码放入和声记忆库中，并依据式（3-2）计算每个解的目标函数值。

步骤3：生成新解。采取保留和声记忆库中的某些解分量、随机产生新的解分量、解的扰动三种机制产生新解。具体方法为：选择一个随机数 r_1，若 $r_1 <$ HMCR，则在和声记忆库中选择一个变量；否则，在和声记忆库外随机选值。如果在和声记忆库中选值，再选择一个随机数 r_2，若 $r_2 <$ PAR，则对该值进行扰动。对每个变量都按上述规则处理可构成新解。

步骤4：更新和声记忆库，若新解优于和声记忆库中的最差解，则替换最差解存入和声记忆库。

步骤5：判断是否满足终止条件，若满足，终止循环；否则，重复步骤3和步骤4。

和声算法作为随机全局优化算法在寻优过程中同样因其随机特性而存在收敛速度慢、鲁棒性差的问题，进而导致馈线故障区段的误判和错判。基于标准和声算法提出具有强适应性的改进和声算法是当前研究的一个重要领域。文献[17]中通过采用最优解权重和自适应带宽，提高了和声算法的全局收敛性能。

除以上论述的随机全局优化算法外，蚁群算法、粒子群算法、免疫算法、蝙蝠算法等也已被应用于配电网故障定位领域，其各自都有自己独特的优势，但本质上都属于随机搜索算法范畴。标准算法优化决策时，在求解效率和鲁棒性上都存在着不足。根据随机全局优化算法的"无免费午餐定理"，利用各种算法间的优势互补，合理实现算法间的深度融合，可大幅度提升该类算法的数值稳定性和优化决策效率。

3.5　配电网馈线故障辨识的代数优化理论

3.5.1　配电网馈线故障辨识代数优化模型建模方案

　　配电网馈线故障辨识逻辑优化模型建模方案因采用逻辑建模方法,在进行优化模型决策求解时存在过分依赖随机全局优化算法的缺陷,导致即便在故障辨识模型能够准确描述馈线故障和电流报警信息间逼近关系的前提下,因算法的固有随机性而可能产生馈线故障区段误判问题。解决上述缺陷的可行方法有:①寻求一种更加有效的逻辑优化模型决策算法;②变革逻辑优化建模理论。当前除采用随机全局优化算法对逻辑优化模型求解外,还可采用枚举法,该方法对于小规模的配电网具有强适应性,但对于大规模的配电网将存在决策求解时的"维数灾"问题,使得在故障定位效率方面难以满足工程应用需求。因此,采用新的建模理论替代逻辑关系建模是克服当前配电网馈线故障辨识最优化技术更加有效的方法。

　　在此背景下,基于代数关系描述的配电网故障辨识模型的建模方法被提出,其建模思路为:以馈线运行状态作为内生变量,并采用 0 – 1 二值状态分别表示配电网馈线正常和故障两种运行情况,在此基础上利用代数" + "运算或代数" – "运算替代逻辑"或"运算或逻辑"与"运算,实现馈线电流状态信息的并联叠加特性描述和开关函数的构建,然后利用绝对值逼近数学模型或二次偏差逼近模型描述真实电流报警信息集与故障馈线所确定的无畸变报警信息集间的逼近关系,从而建立具有 0 – 1 离散变量和代数关系特征描述的配电网馈线故障辨识代数优化模型。图 3-3 所示为配电网馈线故障辨识代数优化模型的构建步骤。

　　基于代数关系建模理论,可将式(3-2)中的目标函数完全转换为代数描述的函数,所建立的故障辨识模型可为线性整数规划模型、二次规划模型或互补约束优化模型等,能够采用具有强数值稳定性的线性整数规划、非线性规划、内点法等进行决策求解,而且所建立配电网故障辨识代数优化模型若构建合理将具有"凸"的特性,具有唯一全局最优点,利用常规优化算法可实现馈线故障的准确辨识。尤其是可将具有卓越求解效率的现代内点法应用于该领域,从而对大规模配电网的馈线故障辨识具有强适应性。

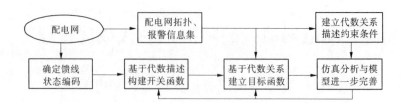

图 3-3　配电网馈线故障辨识代数优化模型的构建步骤

3.5.2　配电网馈线故障辨识代数优化模型求解方案

常规优化方法中涉及的优化方法很多,如线性规划、线性整数规划、非线性规划、互补约束优化、动态规划、内点法等,不同的优化方法适应的场合不同,具体采用何种优化方法需要根据所建模型的结构、变量连续性、约束条件性质和非线性特征等综合进行选择。本书中所构建的配电网故障辨识代数优化模型可等价转换为线性整数规划模型、非线性整数规划模型、互补约束优化模型等,因此可将整数规划、非线性规划、内点法等应用于配电网故障辨识代数优化模型的求解。本书中配电网故障辨识代数关系模型主要涉及线性整数规划模型和非线性规划模型,对于配电网馈线故障线性整数规划模型采用线性整数规划方法进行决策求解,而对于非线性规划故障辨识模型采用内点法进行决策求解,因此本书主要对上述两类常规优化方法进行概述。

3.5.2.1　线性整数规划

线性整数规划是线性规划问题和整数规划问题的融合。线性规划最早由苏联数学家康托洛维奇于 1939 年在《生产组织与计划的数学方法》一书中提出,其是合理利用、调配资源的一种最早的数学优化方法。1947 年美国学者丹捷格提出了线性规划求解的单纯型法后其理论走上成熟,成为最优化理论的重要技术分支,已广泛地应用于工业、农业、化工、生产调度等工程问题,取得了显著的经济效益。线性规划在本质上就是研究在一组等式约束和不等式约束下使某一线性目标函数取得最大值的极值问题。若线性规划中的内生变量的取值为整数,线性规划问题就转换为线性整数规划问题;若内生变量的值只能为 0 - 1,则其转化为 0 - 1 线性整数规划问题。而配电网馈线故障辨识的线性整数规划模型就是 0 - 1 线性整数规划模型,其数学模型的表示形式为

$$\begin{cases} \min f(\boldsymbol{I}^*, \boldsymbol{I}, \boldsymbol{X}) = c_1 x_1 + c_2 x_2 + \cdots + c_n x_n \\ a_{11} x_1 + a_{12} x_2 + \cdots + a_{1n} x_n \leqslant b_1 \\ a_{21} x_1 + a_{22} x_2 + \cdots + a_{2n} x_n \leqslant b_2 \\ \qquad\qquad\qquad\vdots \\ a_{m1} x_1 + a_{m2} x_2 + \cdots + a_{mn} x_n \leqslant b_m \\ \boldsymbol{X} = \begin{bmatrix} x_1 & x_2 & \cdots & x_n \end{bmatrix}^{\mathbf{T}} \\ x_i = 0/1 \end{cases} \qquad (3\text{-}3)$$

对于式(3-3)的线性整数规划问题,早期的求解方法分为枚举法和四舍五入取整法。枚举法主要是基于线性整数规划有限个顶点的前提,然后逐步对每个顶点的目标函数值进行计算与比较,最终求出最好的决策方案。四舍五入取整法主要是将线性整数规划问题松弛为线性规划,然后利用单纯型法进行求解,最后利用四舍五入取整法得到决策变量值。枚举法难以应用于大规模问题,否则计算效率无法接受,四舍五入取整法大多情况下难以得到优化问题的最优值。为克服上述两类方法的缺陷,分枝定界法和割平面法被提出,也是目前线性整数规划问题广泛应用的决策求解方法。

分枝定界法在对线性整数规划问题求解时,通过放弃内生整数变量的整数取值的要求后,实现对原优化问题的松弛,然后以其最优值对应的决策变量为分界点形成没有交叉区域的两个优化子问题,再对子问题进行决策求解和分枝,通过逐步迭代搜索最终找到原优化问题的最优值。线性整数规划问题分枝定界法的算法步骤为[18]:

步骤1:求整数规划的松弛问题最优解。

步骤2:若松弛问题的最优解满足整数要求,得到整数规划的最优解,否则转到步骤3。

步骤3:任意选一个非整数解的变量x_i,在松弛问题中加上约束$x_i \leqslant [x_i]$及$x_i \geqslant [x_i] + 1$组成两个新的松弛问题,称为分枝。新的松弛问题具有如下特征:当原问题是求最大值时,目标值是分枝问题的下界;当原问题是求最小值时,目标值是分枝问题的上界。

步骤4:检查所有分枝的解及目标函数值,若某分枝的解是整数并且目标函数值小于等于(最小化问题)其他分枝的目标值,则将其他分枝剪去不再计算;若还存在非整数解并且目标值小于整数解的目标值,需要继续分枝,再检查,直到得到最优解。

割平面法在对线性整数规划问题求解时,通过一定的策略生成一系列的平面割掉非整数部分,从而得到最优整数解。割平面法的方法有分数割平面法、原始割平面法、对偶整数割平面法、Gamory 割平面法等,其中,Gamory 割平面法主要用于纯整数规划问题,对配电网馈线故障辨识的线性整数规划模型具有强适应性。Gamory 割平面法的算法步骤如下:

步骤 1:用单纯形法求解相应线性整数规划的线性规划松弛问题,如果该问题没有可行解或最优解已是整数则停止,否则转到步骤 2。

步骤 2:在求解相应的线性规划松弛问题时,首先要将原问题的数学模型进行标准化。标准化包含两个含义:第一是通过松弛变量的引入将所有的不等式约束全部转化成等式约束,从而可利用单纯形表对线性规划松弛问题进行计算;第二是将线性整数规划问题中所有非整数系数全部转换成整数系数,用于构造割平面。

步骤 3:将割平面对应的切割不等式添加到线性整数规划的约束条件中,实现对线性规划松弛问题的可行域切割,然后返回步骤 1。

3.5.2.2　内点法

内点法是一种求解线性规划或凸非线性优化问题的多项式时间算法,特适合于大规模连续空间的优化问题决策,其最早由 John von Neumann 利用戈尔丹的线性齐次系统提出,后被 Narendra Karmarkar 于 1984 年推广应用到线性规划,至今在非线性规划领域也得到了广泛应用。配电网馈线故障辨识最优化模型可构建为非线性整数规划问题,依据其变量 0 - 1 取值的特点,通过互补约束条件可转换为连续空间的非线性互补优化问题,进一步通过等价变换可转换为连续空间满足 KKT 极值条件的非线性规划问题,然后可采用内点法决策求解,其对大规模配电网的馈线故障定位问题具有强适应性。内点法目前主要有障碍函数法(路径跟踪内点法)、原对偶内点法、预测校正内点法等。本书主要采用障碍函数法和原对偶内点法对配电网馈线故障辨识优化模型进行决策求解。

障碍函数法就是通过选择一个障碍函数[19],使不等式约束条件始终得到满足,而优化决策的整个过程均在可行域内执行的非线性最优化方法。理想的障碍函数要满足在没有违反约束时,函数值为 0;当违反约束时,函数值为正无穷。目前通常采用对数障碍函数。利用对数障碍函数法求解配电网馈线故障辨识最优化模型的基本步骤为:

步骤 1:将含有等式约束和不等式约束的非线性规划问题等价转化为连续空间的互补约束优化问题,进一步转化为非线性规划问题。

步骤 2:给定初始参数值 t,按照一定的计算准则计算中心路径。

步骤 3:基于中心路径更新内生变量的值,并判断是否满足算法收敛准则,若满足则算法终止,确定最优目标函数值和内生变量值,否则执行步骤 4。

步骤 4:按照 $t:=\mu t, t>0$ 的规则更新 t 的初始参数值,转到步骤 2。

对于大规模的优化问题,障碍函数法所需的迭代次数很少,具有良好的数值稳定性。路径跟踪法处理不等式约束时因无须引入启发式迭代,超过了求解非线性规划模型的牛顿算法,具有更加卓越的计算速度和数值稳定性。

原始对偶内点法在 1989 年由 Megiddo 提出[20],主要是针对线性规划问题提出的,基于其理论 Mehrotra 于 1992 年提出了求解线性规划的一个计算机算法,1994 年将原对偶内点法理论推广到了凸非线性规划问题决策求解上。至今,对于原始对偶内点算法已经取得了丰富的成果,从最早的可行性搜索域要求,发展为不可行原始对偶内点算法,更易于实现,且决策效率高,已在电力系统领域获得成功应用。利用不可行原始对偶内点法求解配电网馈线故障辨识最优化模型的基本步骤为[21]:

步骤 1:将含有等式约束和不等式约束的非线性规划问题等价转化为连续空间的互补约束优化问题,进一步转化为非线性规划问题,并构造包含障碍函数的拉格朗日增广函数。

步骤 2:初始化原始对偶内点法的相关参数。

步骤 3:利用 Newton 系统得到优化问题的原始对偶方向,并确定原始步长和对偶步长,在此基础上利用迭代法更新内生变量的值,得到优化问题新的决策解。

步骤 4:计算优化问题的原始问题和对偶问题之间的互补间隙,判断是否小于预设值,若满足则算法终止,确定最优目标函数值和内生变量值,否则执行步骤 3。

目前,不可行原始对偶内点法因在整个算法迭代过程中对初始点及其迭代点的可行性无任何要求,只要求所有迭代点位于不可行中心路径的某个邻域内,因此算法实现更加容易,求解效率也非常高,能够满足大规模配电网馈线故障的在线故障定位问题。

3.6 本章小结

最优化理论是配电网远方控制馈线自动化背景下配电网馈线故障辨识最优化技术的理论基础,本章对约束最优化问题的概念、配电网馈线故障辨识的最优化问题、配电网馈线故障辨识的逻辑优化理论、配电网馈线故障辨识的代

数优化理论四个方面的内容进行介绍,主要内容可概括为:

(1)简要阐述了约束优化问题的数学模型、决策解的概念及最优化问题分析的基本步骤。

(2)简要介绍了配电网故障辨识最优化问题,并分析了其故障辨识优化模型的通用表达形式。

(3)简要介绍了配电网馈线故障辨识的逻辑优化建模方案,并针对其群体智能决策方法进行了概括总结,分析了该类建模方案的优缺点及其应用范围。

(4)简要介绍了配电网馈线故障辨识的代数优化建模方案,并针对其内点法决策方法进行了概括总结,分析了该类建模方案的优势及其应用前景。

参考文献

[1] 钱颂迪.运筹学[M].北京:清华大学出版社,1990.

[2] 杜红卫,孙雅明,刘弘靖,等.基于遗传算法的配电网故障定位和隔离[J].电网技术,2000,25(5):52-55.

[3] 卫志农,何桦,郑玉平.配电网故障区间定位的高级遗传算法[J].中国电机工程学报,2002,22(4):127-130.

[4] 郭壮志,陈波,刘灿萍,等.基于遗传算法的配电网故障定位[J].电网技术,2007,31(11):88-92.

[5] 陈歆技,丁同奎,张钊.蚁群算法在配电网故障定位中的应用[J].电力系统自动化,2006,30(5):74-77.

[6] 郭壮志,吴杰康.配电网故障区间定位的仿电磁学算法[J].中国电机工程学报,2010,30(13):34-40.

[7] 郑涛,潘玉美,郭昆亚,等.基于免疫算法的配电网故障定位方法研究[J].电力系统继电保护与控制,2014,42(1):77-83.

[8] 付家才,陆青松.基于蝙蝠算法的配电网故障区间定位[J].电力系统继电保护与控制,2015,43(16):100-105.

[9] 刘蓓,汪沨,陈春,等.和声算法在含DG配电网故障定位中的应用[J].电工技术学报,2013,28(5):280-286.

[10] 赵改善.求解非线性最优化问题的遗传算法[J].地球物理学进展,1992,7(1):90-97.

[11] 严太山,崔杜武,陶永芹.基于改进遗传算法的配电网故障定位[J].高电压技术,2009,35(2):255-259.

[12] 刘鹏程,李新利.基于多种群遗传算法的含分布式电源的配电网故障区段定位算法

[J].电力系统保护与控制,2016,44(2):36-41.

[13] 徐密,孙莹,李可军,等.基于模糊自适应模拟退火遗传算法的配电网故障定位[J].电测与仪表, 2016,53(17):43-48.

[14] 付锦,周步祥,王学友.改进仿电磁学算法在多目标电网规划中的应用[J].电网技术,2012,36(2):141-146.

[15] 黄帅,马良.改进和声搜索算法求解一般整数规划问题[J].计算机工程与应用, 2014,50(3):250-255.

[16] 熊伟.运筹学[M].3版.北京:机械工业出版社,2014.

[17] Stephen Boyd. Convex Optimization[M]. New York:Cambridge University Press,2004.

[18] N. Megiddo. Pathways to the Optimal Set in Linear Programming [M]. New York: Springer-Verlag,Inc,1989.

[19] 姜志霞.数学规划中的原始对偶内点方法[D].长春:吉林大学,2008.

第4章 配电网馈线故障的矩阵辨识技术

4.1 引 言

配电网馈线故障矩阵辨识技术的理论基础来源于数学领域中图论和矩阵论。自然界和人类社会中所涉及系统内的事物之间只要包含了某种二元关系,都可以用图论的方法来进行建模分析,其具有理论简单、实现便捷、结果直观等特点。配电网中开关设备与馈线支路间在电气特性和空间位置方面存在着直接的耦合关联关系,采用图论的相关知识实现配电网图的建模和故障区段辨识成为该领域的研究热点,并取得了丰硕的成果,至今已经提出了适应于辐射状配电网、环形设计开环运行配电网、多电源并列运行配电网、含分布式电源配电网的馈线故障矩阵辨识方法,对于快速准确地辨识出馈线故障位置、提升配电网智能化水平起到了至关重要的作用。

配电网馈线故障矩阵辨识技术的理论可简单概括为:首先,将配电网的自动化开关看成顶点,将馈线看成边,从而将其抽象为图;然后,基于自动化开关与馈线间的位置耦合关系构建配电网拓扑矩阵;最后,利用自动化开关与馈线间的功率流耦合关联关系构建故障判定矩阵,提出故障辨识算法。配电网馈线故障矩阵辨识技术的本质就是一种基于图论和矩阵论,进而逼近真实故障的间接优化方法,当找到馈线故障位置时,其对应的过流信息特征与FTU等智能化终端设备上传的电流报警信息最为匹配。

本章将围绕着配电网馈线故障矩阵辨识技术的配电网拓扑结构建模、故障判定矩阵构建方法、故障定位算法等方面对该领域已经取得的代表性成果进行阐述,并给出各类算法的应用实例。

4.2 配电网拓扑描述

目前,配电网的结构主要有辐射状网、环状网、闭式网三种类型。三种类型网络的拓扑的共同特征在于其都是由源点、分段开关、一般开关、馈线和末梢点组成的,其功率流由源点开关作为起始点向各配电网馈线负荷提供电能。

在配电网运行过程中,配电网自动化开关可依据配电网负荷情况,动态地改变开关的开闭状态,但无论开关的开闭状态如何都不会改变各开关和馈线所处的位置和联结顺序,即不会改变配电网的结构,不同的运行状态只是相应地改变了自动化开关和馈线的电气参数特征。配电网运行网络的差异可以总结为配电网拓扑结构在不同自动化开关开闭状态改变下,产生的电气参数结果的耦合特征变化,而各类算法就是在拓扑结构和目标运行网络结构之间找到一组合适的开关状态组合,以匹配相应的电气量特征。

基于图论对配电网拓扑结构进行描述时,首先要明确源点、分段开关、末梢点、耦合点及与之相关的区域和分支的相关概念。下面结合图 4-1 所示的简化的辐射状配电网对其概念进行阐述。

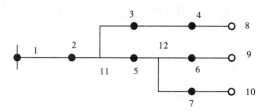

●—自动化开关,其装有智能化终端设备(FTU)

图 4-1　简化的辐射状配电网

源点:只有一条配电网馈线与之相连,且开关处于闭合状态,如图 4-1 中的自动化开关 1。分段开关:有两条配电网馈线与其相连,其开关状态可为闭合状态,如图 4-1 中的自动化开关 2~7。末梢点:只有一条配电网馈线与之相连,且开关处于断开状态,如图 4-1 中的自动化开关 8~10。耦合点:与三条馈线相连,且该点不装备智能化终端设备(FTU),既不可测,也不可控,称其为耦合点,如图 4-1 中的节点 11、12。区域:与耦合点直接相连的三条馈线组成的区间称为区域,如图 4-1 中自动化开关 2、3、5 内的馈线组成一个区域,自动化开关 5、6、7 内的馈线组成一个区域。分支:功率流之间相互独立且拓扑上具有连续特性的馈线。

基于上述定义,可构建配电网的拓扑结构图。其中各自动化开关的位置编号为图的顶点,各馈线为图的边,然后利用顶点和边之间的耦合关联关系进行配电网图的描述。顶点与顶点之间的关系用邻接矩阵描述,边与顶点之间的关系用关联矩阵描述。由此可见,配电网可抽象为顶点和边组成的图,配电网的拓扑结构可采用邻接矩阵或关联矩阵进行描述。

配电网拓扑结构邻接矩阵的描述: V 表示顶点, E 表示边, $G = (V, E)$ 表

示具有 N 个顶点的配电网拓扑结构图,其邻接矩阵为 N 行 N 列矩阵,若顶点 v_i 与 v_j 之间存在着一条边,则 $c_{ij}=1$、$c_{ji}=1$;否则其值为 0。N 阶方阵称为配电网拓扑结构图的邻接矩阵。

配电网拓扑结构关联矩阵的描述: V 表示顶点,E 表示边,图 $G=(V,E)$,$V=\{v_1,v_2,\cdots,v_n\}$,$E=\{e_1,e_2,\cdots,e_m\}$,令 $m_{ij}(i=1,2,3,\cdots,n;j=1,2,\cdots,m)$ 为顶点 v_i 与边 e_j 的关联次数,则称矩阵 $\boldsymbol{M}(m_{ij})_{n\times m}$ 为配电网拓扑结构图的关联矩阵,记作 $\boldsymbol{M}(G)$。在关联矩阵 $\boldsymbol{M}(G)$ 中,还具有其每列元素之和为 2,其每行元素之和等于顶点的度的特征,特殊情况若第 i 行的元素之和为 0,说明顶点 i 为孤立顶点。

4.3 基于规格化处理的馈线故障统一矩阵算法

4.3.1 算法的基本原理

配电网馈线故障的统一矩阵算法由刘健 1999 年首次提出,在故障定位时需要对构建的矩阵进行规格化处理,其基本原理是[1]:首先依据配电网的结构基于邻接矩阵构建一个网络描述矩阵 $\boldsymbol{D}$,依据馈线正常运行时的最大负荷对智能化终端设备(FTU)进行参考值整定,然后依据故障时智能化终端设备(FTU)上传至配电网控制中心 SCADA 的报警信息构建故障信息矩阵 $\boldsymbol{G}$,最后依据矩阵运算并通过规格化处理得到配电网馈线故障判定矩阵 $\boldsymbol{P}$,从而判定出发生故障的馈线区段。从以上原理可以看出,基于规格化处理的馈线故障统一矩阵算法包含构建网络描述矩阵、故障信息矩阵、故障判定矩阵三个步骤,下面以图 4-2 所示的简单配电网馈线网络为例对其原理详细阐述。

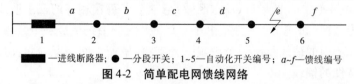

■—进线断路器;●—分段开关;1~5—自动化开关编号;$a\!\sim\!f$—馈线编号
图 4-2 简单配电网馈线网络

步骤 1:构建网络描述矩阵 $\boldsymbol{D}$。将图 4-2 中馈线上的断路器和分段开关作为节点,和图的顶点一一对应并进行不重复编号,假定配电网共有 N 个节点,则可构造 N 行 N 列的邻接矩阵用于描述配电网拓扑结构。若在配电网中第 i 个节点与第 j 个节点间存在一条馈线,则网络描述矩阵的第 i 行第 j 列的元素和第 j 行第 i 列的元素为 1,将不存在相连馈线的节点对应的矩阵元素置 0。将上述方法用于所有配电网节点即可构建网络描述矩阵。图 4-2 所示的简单

配电网馈线网络的网络描述矩阵 $\boldsymbol{D}$ 为

$$\boldsymbol{D} = \begin{bmatrix} 0 & 1 & 0 & 0 & 0 & 0 \\ 1 & 0 & 1 & 0 & 0 & 0 \\ 0 & 1 & 0 & 1 & 0 & 0 \\ 0 & 0 & 1 & 0 & 1 & 0 \\ 0 & 0 & 0 & 1 & 0 & 1 \\ 0 & 0 & 0 & 0 & 1 & 0 \end{bmatrix} \tag{4-1}$$

步骤 2：构建故障信息矩阵 $\boldsymbol{G}$。假定配电网共有 N 个节点，则可构造 N 行 N 列的故障信息矩阵 $\boldsymbol{G}$。其根据智能化终端设备（FTU）上传的故障电流报警信号进行构建，具体的构建方法为：若第 i 个自动化开关流过了超过整定值的故障电流，则故障信息矩阵的第 i 个对角线元素的值为 0，否则其值为 1。当馈线 e 发生故障时，则节点 $1 \sim 5$ 将流过故障电流，其对应的智能化终端设备（FTU）将向控制中心 SCADA 发送报警信息，图 4-2 所示的简单配电网馈线网络的故障信息矩阵 $\boldsymbol{G}$ 为

$$\boldsymbol{G} = \begin{bmatrix} 0 & 0 & 0 & 0 & 0 & 0 \\ 0 & 0 & 0 & 0 & 0 & 0 \\ 0 & 0 & 0 & 0 & 0 & 0 \\ 0 & 0 & 0 & 0 & 0 & 0 \\ 0 & 0 & 0 & 0 & 0 & 0 \\ 0 & 0 & 0 & 0 & 0 & 1 \end{bmatrix} \tag{4-2}$$

步骤 3：构建故障判定矩阵 $\boldsymbol{P}$。利用网络描述矩阵 $\boldsymbol{D}$ 和故障信息矩阵 $\boldsymbol{G}$ 相乘得到过渡矩阵 $\boldsymbol{P}'$ 并进行规格化处理即可得到故障判定矩阵 $\boldsymbol{P}$。规格化处理的本质是：假定故障单一，若一个未经历过故障电流的节点的所有相邻节点中至少存在两个节点经历了故障电流，则该节点不构成故障线路的一个节点。具体操作为：若网络描述矩阵中的元素为 1，并且 $\boldsymbol{G}$ 中元素 $g_{jj} = 1$，则需要对过渡矩阵 $\boldsymbol{P}'$ 第 j 列的元素进行规格化处理，将其对应的元素置 0；若 $g_{mm}, g_{nn} \cdots$，g_{kk} 至少有两个为 0，则将过渡矩阵 $\boldsymbol{P}'$ 第 j 行和第 j 列的元素全部置 0，上述条件不满足时无须改变过渡矩阵 $\boldsymbol{P}'$ 中的元素值。故障判定矩阵 $\boldsymbol{P}$ 反映了故障区段，其判定方法为：若故障判定矩阵中的元素 $p_{ij} | q_{ji} = 1$（1 为异或运算）则配电网馈线上节点 i 和节点 j 间的馈线故障。$g(\boldsymbol{D} \times \boldsymbol{G})$ 表示规格化运算，图 4-2 所示的简单配电网馈线网络的故障判定矩阵 $\boldsymbol{P}$ 为

$$P = g(D \times G) = \begin{bmatrix} 0 & 0 & 0 & 0 & 0 & 0 \\ 0 & 0 & 0 & 0 & 0 & 0 \\ 0 & 0 & 0 & 0 & 0 & 0 \\ 0 & 0 & 0 & 0 & 0 & 0 \\ 0 & 0 & 0 & 0 & 0 & 1 \\ 0 & 0 & 0 & 0 & 0 & 0 \end{bmatrix} \quad (4\text{-}3)$$

因在故障判定矩阵 P 中 $P_{56} | P_{65} = 1$，因此可判定出节点 5 和节点 6 中的馈线 e 发生故障。

4.3.2 报警信息畸变时规格化算法的工程适应性

构建故障判定矩阵 P 时的规格化处理，实质上是提高算法的容错性。配电网实际运行时，因智能化终端设备（FTU）一般在室外工作，所处环境恶劣，同时可能受设备可靠性影响等，导致报警信号的漏传，配电网统一矩阵算法若具有一定的容错性能和抗干扰性能，将会提升其工程适应性和容错性。下面仍然以图 4-2 所示的简单配电网馈线网络为例来验证基于规格化处理的馈线故障统一矩阵算法具有一定的容错性能。

网络描述矩阵 D 仍然保持不变，为式(4-1)，假定此时节点 1 处的智能化终端设备（FTU）漏传故障电流报警信息，则故障信息矩阵 G 为

$$G = \begin{bmatrix} 1 & 0 & 0 & 0 & 0 & 0 \\ 0 & 0 & 0 & 0 & 0 & 0 \\ 0 & 0 & 0 & 0 & 0 & 0 \\ 0 & 0 & 0 & 0 & 0 & 0 \\ 0 & 0 & 0 & 0 & 0 & 0 \\ 0 & 0 & 0 & 0 & 0 & 1 \end{bmatrix} \quad (4\text{-}4)$$

利用网络描述矩阵 D 与故障信息矩阵 G 相乘可得到过渡矩阵 P' 为

$$P' = D \times G = \begin{bmatrix} 0 & 1 & 0 & 0 & 0 & 0 \\ 1 & 0 & 1 & 0 & 0 & 0 \\ 0 & 1 & 0 & 1 & 0 & 0 \\ 0 & 0 & 1 & 0 & 1 & 0 \\ 0 & 0 & 0 & 1 & 0 & 1 \\ 0 & 0 & 0 & 0 & 1 & 0 \end{bmatrix} \begin{bmatrix} 1 & 0 & 0 & 0 & 0 & 0 \\ 0 & 0 & 0 & 0 & 0 & 0 \\ 0 & 0 & 0 & 0 & 0 & 0 \\ 0 & 0 & 0 & 0 & 0 & 0 \\ 0 & 0 & 0 & 0 & 0 & 0 \\ 0 & 0 & 0 & 0 & 0 & 1 \end{bmatrix} = \begin{bmatrix} 0 & 0 & 0 & 0 & 0 & 0 \\ 1 & 0 & 0 & 0 & 0 & 0 \\ 0 & 0 & 0 & 0 & 0 & 0 \\ 0 & 0 & 0 & 0 & 0 & 0 \\ 0 & 0 & 0 & 0 & 0 & 1 \\ 0 & 0 & 0 & 0 & 0 & 0 \end{bmatrix}$$

$$(4\text{-}5)$$

此时，若不进行规格化处理，直接进行故障判定，将得出 $P_{12} | P_{21} = 1$，$P_{56} |$

$P_{65} = 1$，从而判定出馈线 a、f 发生故障，引发了误判。此时若进行规格化运算，因网络描述矩阵 D 中的元素 $d_{21} = 1$，故障信息矩阵 G 中的元素 $g_{11} = 1$，即满足第一个规格化条件，则需将式(4-5)中第 1 列的元素置 0，可得出故障判定矩阵式(4-3)，从而能够正确地判定出节点 5 和节点 6 中的馈线 e 发生故障。

假定节点 1～4 处的智能化终端设备(FTU)全部漏传故障电流报警信息，则故障信息矩阵 G 为

$$G = \begin{bmatrix} 1 & 0 & 0 & 0 & 0 & 0 \\ 0 & 1 & 0 & 0 & 0 & 0 \\ 0 & 0 & 1 & 0 & 0 & 0 \\ 0 & 0 & 0 & 1 & 0 & 0 \\ 0 & 0 & 0 & 0 & 0 & 0 \\ 0 & 0 & 0 & 0 & 0 & 1 \end{bmatrix} \tag{4-6}$$

利用网络描述矩阵与故障信息矩阵 G 相乘可得到过渡矩阵 P' 为

$$P' = D \times G = \begin{bmatrix} 0 & 1 & 0 & 0 & 0 & 0 \\ 1 & 0 & 1 & 0 & 0 & 0 \\ 0 & 1 & 0 & 1 & 0 & 0 \\ 0 & 0 & 1 & 0 & 1 & 0 \\ 0 & 0 & 0 & 1 & 0 & 1 \\ 0 & 0 & 0 & 0 & 1 & 0 \end{bmatrix} \begin{bmatrix} 1 & 0 & 0 & 0 & 0 & 0 \\ 0 & 1 & 0 & 0 & 0 & 0 \\ 0 & 0 & 1 & 0 & 0 & 0 \\ 0 & 0 & 0 & 1 & 0 & 0 \\ 0 & 0 & 0 & 0 & 0 & 0 \\ 0 & 0 & 0 & 0 & 0 & 1 \end{bmatrix} = \begin{bmatrix} 0 & 1 & 0 & 0 & 0 & 0 \\ 1 & 0 & 1 & 0 & 0 & 0 \\ 0 & 1 & 0 & 1 & 0 & 0 \\ 0 & 0 & 1 & 0 & 0 & 0 \\ 0 & 0 & 0 & 1 & 0 & 1 \\ 0 & 0 & 0 & 0 & 0 & 0 \end{bmatrix}$$

$$\tag{4-7}$$

此时网络描述矩阵 D 中的元素 $d_{21} = 1$，故障信息矩阵 G 中的元素 $g_{11} = 1$，满足第一个规格化条件；$d_{12} = 1$，$d_{32} = 1$，故障信息矩阵 G 中的元素 $g_{22} = 1$，满足第一个规格化条件；$d_{23} = 1$，$d_{43} = 1$，故障信息矩阵 G 中的元素 $g_{33} = 1$，满足第一个规格化条件；$d_{34} = 1$，$d_{54} = 1$，故障信息矩阵 G 中的元素 $g_{44} = 1$，满足第一个规格化条件；$d_{65} = 1$，故障信息矩阵 G 中的元素 $g_{66} = 1$，满足第一个规格化条件，但上述情形均无法满足第二个规格化条件，因此，在进行规格化处理时，只需要将 1～4 列时元素置 0，即

$$P = g(D \times G) = \begin{bmatrix} 0 & 0 & 0 & 0 & 0 & 0 \\ 0 & 0 & 0 & 0 & 0 & 0 \\ 0 & 0 & 0 & 0 & 0 & 0 \\ 0 & 0 & 0 & 0 & 0 & 0 \\ 0 & 0 & 0 & 0 & 0 & 1 \\ 0 & 0 & 0 & 0 & 0 & 0 \end{bmatrix} \tag{4-8}$$

因在故障判定矩阵 P 中，$P_{56} | P_{65} = 1$，因此可判定出节点 5 和节点 6 中的馈线 e 发生故障。

由此可以看出，基于规格化处理的馈线故障统一矩阵算法，具有一定的容错性能，提升了工程应用时的适应性。

4.3.3 在含耦合节点配电网中的应用

实际的配电网通常含有耦合节点，导致馈线分支的存在。并列的馈线分支在网络拓扑上具有关联性，但在功率流输送特性上具有互不影响的并列特征，同时考虑到耦合节点没有装设智能化终端设备（FTU），其在进行馈线故障定位时，与简单配电网馈线网络相比将显著增加复杂性。下面将以图 4-3 所示的含有耦合节点的配电网为例，进一步验证基于规格化处理的馈线故障统一矩阵算法的工程适应性，为不失一般性，图中打乱了编号顺序，假定馈线 e 发生短路故障。

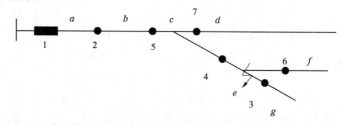

■—进线断路器；　●—分段开关；1~7—自动化开关编号；a~g—馈线编号

图 4-3　含有耦合节点的配电网

因耦合节点没有设置智能化终端设备（FTU），为不可测不可控节点，即无法向控制中心 SCADA 上传故障过电流报警信息，因此在进行故障定位时不进行独立编号，不包含在网络描述矩阵、故障信息矩阵和故障判定矩阵中。

依据 4.3.1 小节中的构建原理，图 4-3 所示含有耦合节点配电网的网络描述矩阵 D 为

$$D = \begin{bmatrix} 0 & 1 & 0 & 0 & 0 & 0 & 0 \\ 1 & 0 & 0 & 0 & 1 & 0 & 0 \\ 0 & 0 & 0 & 1 & 0 & 0 & 0 \\ 0 & 0 & 1 & 0 & 1 & 1 & 1 \\ 0 & 1 & 0 & 1 & 0 & 0 & 1 \\ 0 & 0 & 1 & 1 & 0 & 0 & 0 \\ 0 & 0 & 0 & 1 & 1 & 0 & 0 \end{bmatrix} \tag{4-9}$$

当配电网馈线 g 发生短路故障时,正常情况下节点 1、2、4、5 有故障过电流。依据4.3.1 小节中的构建原理,图 4-3 所示含有耦合节点配电网的故障信息矩阵 G 为

$$G = \begin{bmatrix} 0 & 0 & 0 & 0 & 0 & 0 & 0 \\ 0 & 0 & 0 & 0 & 0 & 0 & 0 \\ 0 & 0 & 1 & 0 & 0 & 0 & 0 \\ 0 & 0 & 0 & 0 & 0 & 0 & 0 \\ 0 & 0 & 0 & 0 & 0 & 0 & 0 \\ 0 & 0 & 0 & 0 & 0 & 1 & 0 \\ 0 & 0 & 0 & 0 & 0 & 0 & 1 \end{bmatrix} \tag{4-10}$$

利用网络描述矩阵 D 与故障信息矩阵 G 相乘可得到图 4-3 所示含有耦合节点配电网的过渡矩阵 P' 为

$$P' = D \times G = \begin{bmatrix} 0 & 1 & 0 & 0 & 0 & 0 & 0 \\ 1 & 0 & 0 & 0 & 1 & 0 & 0 \\ 0 & 0 & 0 & 1 & 0 & 0 & 0 \\ 0 & 0 & 1 & 0 & 1 & 1 & 1 \\ 0 & 1 & 0 & 1 & 0 & 0 & 1 \\ 0 & 0 & 1 & 1 & 0 & 0 & 0 \\ 0 & 0 & 0 & 1 & 1 & 0 & 0 \end{bmatrix} \begin{bmatrix} 0 & 0 & 0 & 0 & 0 & 0 & 0 \\ 0 & 0 & 0 & 0 & 0 & 0 & 0 \\ 0 & 0 & 1 & 0 & 0 & 0 & 0 \\ 0 & 0 & 0 & 0 & 0 & 0 & 0 \\ 0 & 0 & 0 & 0 & 0 & 0 & 0 \\ 0 & 0 & 0 & 0 & 0 & 1 & 0 \\ 0 & 0 & 0 & 0 & 0 & 0 & 1 \end{bmatrix} = \begin{bmatrix} 0 & 0 & 0 & 0 & 0 & 0 & 0 \\ 0 & 0 & 0 & 0 & 0 & 0 & 0 \\ 0 & 0 & 1 & 0 & 0 & 0 & 0 \\ 0 & 0 & 1 & 0 & 0 & 1 & 1 \\ 0 & 0 & 0 & 0 & 0 & 0 & 1 \\ 0 & 0 & 1 & 0 & 0 & 0 & 0 \\ 0 & 0 & 0 & 0 & 0 & 0 & 0 \end{bmatrix}$$

$$\tag{4-11}$$

当直接采用过渡矩阵 P' 作为判定矩阵时,此时 $p_{57} | p_{75} = 1$、$p_{47} | p_{74} = 1$、$p_{46} | p_{64} = 1$,$p_{43} | p_{34} = 1$、$p_{45} | p_{54} = 1$,因此将判断出节点 4、5、7 间的馈线和节点 3、4、6 间的馈线发生了短路故障,出现了误判。但因 $d_{47} = 1$、$d_{57} = 1$、$g_{44} = g_{55} = 0$,满足第二个规格化条件,需将配电网过渡矩阵 P' 中的第 7 行第 7 列元素置 0,从而得到故障判定矩阵 P 为

$$P = g(D \times G) = \begin{bmatrix} 0 & 0 & 0 & 0 & 0 & 0 & 0 \\ 0 & 0 & 0 & 0 & 0 & 0 & 0 \\ 0 & 0 & 0 & 0 & 0 & 0 & 0 \\ 0 & 0 & 1 & 0 & 0 & 1 & 0 \\ 0 & 0 & 0 & 0 & 0 & 0 & 0 \\ 0 & 0 & 1 & 0 & 0 & 0 & 0 \\ 0 & 0 & 0 & 0 & 0 & 0 & 0 \end{bmatrix} \tag{4-12}$$

此时,依据故障判定矩阵 P 可得出 $p_{63} | p_{36} = 1$、$p_{43} | p_{34} = 1$、$p_{45} | p_{54} = 1$,因此

将判断出节点 3、4、6 间的馈线发生了短路故障，准确地判断出了故障位置。由此可以看出，基于规格化处理的馈线故障统一矩阵算法可应用于含有耦合节点的配电网故障定位。

4.3.4　基于规格化处理的馈线故障统一矩阵算法局限性

基于规格化处理的馈线故障统一矩阵算法一般情况下可准确辨识出馈线故障区段，但存在以下不足：

（1）在配电网馈线故障区段辨识时通常需要进行规格化处理，以便提高容错性能、降低误判的概率，但规格化处理时需要进行程序的循环操作，增加了程序开销时间，当应用于大规模配电网时其将显著影响馈线故障区段辨识效率。此外，故障判定矩阵 P 采用矩阵相乘运算得到，当应用于大规模配电网时同样会显著提升配电网馈线故障定位时间。

（2）当配电网末端馈线发生故障时，将发生误判。以图 4-2 所示的简单配电网馈线网络为例进行分析。此时，假定配电网馈线 f 发生短路故障，则其故障判定矩阵 P 为

$$
P = g(D \times G) = \begin{bmatrix} 0 & 1 & 0 & 0 & 0 & 0 \\ 1 & 0 & 1 & 0 & 0 & 0 \\ 0 & 1 & 0 & 1 & 0 & 0 \\ 0 & 0 & 1 & 0 & 1 & 0 \\ 0 & 0 & 0 & 1 & 0 & 1 \\ 0 & 0 & 0 & 0 & 1 & 0 \end{bmatrix} \begin{bmatrix} 0 & 0 & 0 & 0 & 0 & 0 \\ 0 & 0 & 0 & 0 & 0 & 0 \\ 0 & 0 & 0 & 0 & 0 & 0 \\ 0 & 0 & 0 & 0 & 0 & 0 \\ 0 & 0 & 0 & 0 & 0 & 0 \\ 0 & 0 & 0 & 0 & 0 & 1 \end{bmatrix} = \begin{bmatrix} 0 & 0 & 0 & 0 & 0 & 0 \\ 0 & 0 & 0 & 0 & 0 & 0 \\ 0 & 0 & 0 & 0 & 0 & 0 \\ 0 & 0 & 0 & 0 & 0 & 0 \\ 0 & 0 & 0 & 0 & 0 & 0 \\ 0 & 0 & 0 & 0 & 0 & 0 \end{bmatrix}
$$

$$(4\text{-}13)$$

很显然，依据式(4-13)将判定出配电网所有馈线均未发生故障，出现了错判。

（3）对多重故障缺乏适应性。以图 4-3 所示的含有耦合节点的配电网为例，假定配电网馈线 d、e 同时发生故障。

馈线 d、e 同时发生故障时，其故障信息矩阵 G 为

$$
G = \begin{bmatrix} 0 & 0 & 0 & 0 & 0 & 0 & 0 \\ 0 & 0 & 0 & 0 & 0 & 0 & 0 \\ 0 & 0 & 1 & 0 & 0 & 0 & 0 \\ 0 & 0 & 0 & 0 & 0 & 0 & 0 \\ 0 & 0 & 0 & 0 & 0 & 0 & 0 \\ 0 & 0 & 0 & 0 & 0 & 1 & 0 \\ 0 & 0 & 0 & 0 & 0 & 0 & 0 \end{bmatrix} \qquad (4\text{-}14)
$$

馈线 d、e 同时发生故障时,其故障判定矩阵 P 为

$$P = g(D \times G) = \begin{bmatrix} 0 & 1 & 0 & 0 & 0 & 0 & 0 \\ 1 & 0 & 0 & 0 & 1 & 0 & 0 \\ 0 & 0 & 0 & 1 & 0 & 0 & 0 \\ 0 & 0 & 1 & 0 & 1 & 1 & 1 \\ 0 & 1 & 0 & 1 & 0 & 0 & 1 \\ 0 & 0 & 1 & 1 & 0 & 0 & 0 \\ 0 & 0 & 0 & 1 & 1 & 0 & 0 \end{bmatrix} \begin{bmatrix} 0 & 0 & 0 & 0 & 0 & 0 & 0 \\ 0 & 0 & 0 & 0 & 0 & 0 & 0 \\ 0 & 0 & 0 & 1 & 0 & 0 & 0 \\ 0 & 0 & 0 & 0 & 0 & 0 & 0 \\ 0 & 0 & 0 & 0 & 0 & 0 & 0 \\ 0 & 0 & 0 & 0 & 0 & 1 & 0 \\ 0 & 0 & 0 & 0 & 0 & 0 & 0 \end{bmatrix} = \begin{bmatrix} 0 & 0 & 0 & 0 & 0 & 0 & 0 \\ 0 & 0 & 0 & 0 & 0 & 0 & 0 \\ 0 & 0 & 0 & 0 & 0 & 0 & 0 \\ 0 & 0 & 1 & 0 & 1 & 0 & 0 \\ 0 & 0 & 0 & 0 & 0 & 0 & 0 \\ 0 & 0 & 1 & 0 & 1 & 0 & 0 \\ 0 & 0 & 0 & 0 & 0 & 0 & 0 \end{bmatrix}$$

(4-15)

此时,依据故障判定矩阵 P 可得出 $p_{63} \mid p_{36} = 1$、$p_{43} \mid p_{34} = 1$、$p_{45} \mid p_{54} = 1$,因此仅判断出节点 3、4、6 间的馈线 e 发生了短路故障,出现馈线故障漏判。由此可以看出,基于规格化处理的馈线故障统一矩阵算法在配电网多重故障定位时还存在不足。

(4)对多电源并列运行配电网馈线故障区段辨识缺乏工程强适应性。

4.4 含附加状态信息的配电网馈线故障统一矩阵算法

4.4.1 改进统一矩阵算法提出背景

为进一步提升配电网馈线故障统一矩阵算法的工程适应性,后续研究围绕着规避规格化处理、适合于多电源并列运行配电网多重馈线故障定位等,提出了众多改进的统一矩阵算法。文献[2]围绕解决多电源并列运行配电网的故障定位问题,以矩阵分析为基础,提出基于现场监控终端的故障定位优化矩阵算法,能满足普通树状网、开环运行的环网和闭环运行环网故障定位需求,对配电网运行工况的变化有较强的适应能力,扩大了算法的适用范围,且由于采用了分线路存储技术并以矩阵间有效元素的直接运算代替矩阵计算,实时性得到明显提升。文献[3]以配电网馈线单一故障为前提,通过分析表明故障点必位于两个相邻的开关之间,且有故障电流和没有故障电流流过的开关,其 FTU 采集的信息不同,其将配电网从结构上简化为以开关当作节点的网络,并利用图论建立邻接矩阵和节点信息矩阵,进而提出基于异或算法的改进矩阵算法,但其对多重故障定位问题缺乏适应性。文献[4]在进行故障信息矩阵建立时,考虑了故障电流的方向,使得改进后的矩阵能够实现环网闭环运行和多电源多重故障定位,但其仍没有摆脱矩阵相乘运算和规格化处理过程。

文献[5]提出的基于配电网有向图描述的故障定位算法,适用于任意多个电源的复杂系统,无需矩阵的相乘运算和规格化处理过程,判断原理简单、直观,运算量小,计算速度快,满足实时性要求,但它不能解决配电网末梢故障,也不能有效解决不同线路上的多重故障问题。

综上所述,当前配电网统一矩阵算法针对馈线多重故障、馈线末端故障等仍然存在不足。在此背景下,郭壮志对其原因进行分析,发现已有算法在进行网络描述矩阵和故障判定矩阵建立时忽略了耦合节点的影响,是导致其缺乏馈线故障区段辨识强适应性的关键因素。因此,郭壮志提出了含附加状态信息的配电网馈线故障统一矩阵算法,其通过将耦合节点和一个附加状态信息引入到网络描述矩阵和故障判定矩阵,对现有故障定位和隔离统一矩阵算法进行了改进,新的算法不仅适用于辐射状、树状和环网开环运行网络,也适用于多电源供电网络,可以实现对单一故障、多重故障和末梢故障的定位与隔离,不存在误判现象[6]。

4.4.2　改进统一矩阵算法的建模思路

采用配电网的有向图描述模型[7],将配电网的馈线当作有向边,网络中的断路器、分段器、耦合节点和常闭型联络开关当作节点,根据节点间的有向连接关系,首先建立耦合节点分布矩阵 T 和网络描述矩阵 D,当配电网络发生故障时,依据FTU上报的有关故障过电流及其方向信息,对网络描述矩阵 D 中的元素进行重新设值,此时的网络描述矩阵 D 转换为故障信息矩阵 D_s,根据 D_s 中耦合节点的子节点状态信息,对其进行重新设值,最终形成故障判定矩阵 D_P。

4.4.3　改进统一矩阵算法的基本原理

改进统一矩阵算法包含耦合节点分布矩阵 T、网络描述矩阵 D、故障信息矩阵 D_s、故障判定矩阵 D_P 四个矩阵的构建。下面将以图4-4所示的含耦合节点的配电网为例进行详细阐述,为不失一般性,图中节点打乱了编号顺序。

步骤1:构建耦合节点分布矩阵 T。假设配电网络经过简化后有 n 个节点,建立的耦合节点分布矩阵 T 为 n 阶矩阵,其建立方法是:对配电网络中的节点进行编号,编号的顺序任意,如果节点是耦合节点,就在矩阵相应位置置1,否则在矩阵相应位置置0。图4-4所示为典型的配电网馈线简化模型的耦合节点分布矩阵 T,$T = [0\ 1\ 1\ 0\ 0\ 0\ 0\ 0\ 0\ 0]$。建立耦合节点分布矩阵的作用是:实现耦合节点所在位置的判定,并和故障信息矩阵 D_s 共

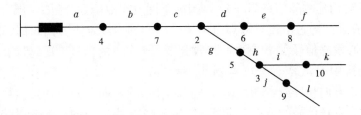

■—进线断路器； ●—分段开关；1~10—自动化开关编号；a~l—馈线编号

图4-4 含有耦合节点的配电网

同作用,完成故障判定矩阵的建立。

步骤2:构建网络描述矩阵 $\boldsymbol{D}$。在建立网络描述矩阵 $\boldsymbol{D}$ 时,以常开联络开关为分界点,配电网络进行区域的划分,以该区域内的断路器、分段开关、常闭型联络开关和耦合节点为节点进行编号,同时对馈线线路的正方向进行规定。馈线网络的正方向规定的原则:如果馈线由单电源供电,馈线的正方向就是线路功率流出的方向;对于多电源网络,任意选取其中一个电源,其他电源都假设处于非工作状态,馈线正方向就是由该假定电源单独供电时线路功率流出的方向。依据这个方向确定各个节点之间的有向连接关系,进行网络描述矩阵 $\boldsymbol{D}$ 的构造。在进行网络描述矩阵建立时,耦合节点按照常规节点进行处理。假设总共有 n 个节点,可构造一个 $n \times n$ 阶的方阵 $\boldsymbol{D}$。如果节点 i 和节点 j 存在馈线,且馈线的正方向为由节点 i 指向节点 j,那么对应网络描述矩阵 $\boldsymbol{D}$ 中的元素 $d_{ij}=1$,其中节点 i 称为父节点,节点 j 称为子节点,否则对应网络描述矩阵 $\boldsymbol{D}$ 中的元素 $d_{ij}=0$。

按照上述网络描述矩阵建立方法,图4-4 所示的含有耦合节点的配电网的网络描述矩阵 $\boldsymbol{D}$ 为

$$\boldsymbol{D} = \begin{bmatrix} 0 & 0 & 0 & 1 & 0 & 0 & 0 & 0 & 0 & 0 \\ 0 & 0 & 0 & 0 & 1 & 1 & 0 & 0 & 0 & 0 \\ 0 & 0 & 0 & 0 & 0 & 0 & 0 & 0 & 1 & 1 \\ 0 & 0 & 0 & 0 & 0 & 0 & 0 & 1 & 0 & 0 \\ 0 & 0 & 1 & 0 & 0 & 0 & 0 & 0 & 0 & 0 \\ 0 & 0 & 0 & 0 & 0 & 0 & 0 & 1 & 0 & 0 \\ 0 & 1 & 0 & 0 & 0 & 0 & 0 & 0 & 0 & 0 \\ 0 & 0 & 0 & 0 & 0 & 0 & 0 & 0 & 0 & 0 \\ 0 & 0 & 0 & 0 & 0 & 0 & 0 & 0 & 0 & 0 \\ 0 & 0 & 0 & 0 & 0 & 0 & 0 & 0 & 0 & 0 \end{bmatrix} \tag{4-16}$$

步骤 3:构建故障信息矩阵 D_S。当配电网发生故障后,对于非耦合节点,若节点 i 存在故障过电流且故障过电流方向和网络规定正方向相同,则 FTU 向控制中心发送信号 1,控制中心接收到节点 i 发来的信号 1 后,置网络描述矩阵 D 矩阵中的元素 d_{ii} 为 1;若节点 i 存在故障过电流且故障过电流方向和网络规定正方向相反或者不存在过电流,则 FTU 不向控制中心发信号,控制中心对没有发送信号的节点 i 置网络描述矩阵 D 中对应的元素 d_{ii} 为 0;对于耦合节点,由于其所处位置一般不装设智能终端设备(FTU),其负荷既不可测,又不可控,此时对其按照没有向控制中心发送信号进行处理,对其在网络描述矩阵 D 中对应的元素置 0。此时建立的矩阵为故障信息矩阵 D_S,"0"和"1"称为状态信息。

按照上述故障信息矩阵建立方法,假设节点 6、8 之间的馈线发生故障,图 4-4 所示的含有耦合节点的配电网故障信息矩阵 D_S 为

$$D_S = \begin{bmatrix} 1 & 0 & 0 & 1 & 0 & 0 & 0 & 0 & 0 & 0 \\ 0 & 1 & 0 & 0 & 1 & 1 & 0 & 0 & 0 & 0 \\ 0 & 0 & 0 & 0 & 0 & 0 & 0 & 0 & 1 & 1 \\ 0 & 0 & 0 & 1 & 0 & 0 & 1 & 0 & 0 & 0 \\ 0 & 0 & 1 & 0 & 0 & 0 & 0 & 0 & 0 & 0 \\ 0 & 0 & 0 & 0 & 0 & 1 & 0 & 1 & 0 & 0 \\ 0 & 1 & 0 & 0 & 0 & 0 & 1 & 0 & 0 & 0 \\ 0 & 0 & 0 & 0 & 0 & 0 & 0 & 0 & 0 & 0 \\ 0 & 0 & 0 & 0 & 0 & 0 & 0 & 0 & 0 & 0 \\ 0 & 0 & 0 & 0 & 0 & 0 & 0 & 0 & 0 & 0 \end{bmatrix} \qquad (4\text{-}17)$$

步骤 4:构建故障判定矩阵 D_P。依据耦合节点分布矩阵 T 找出故障信息矩阵 D_S 中的耦合节点,根据故障信息矩阵 D_S 找出相应耦合节点的子节点和子节点的状态信息描述,然后对耦合节点重新进行状态信息设置,设置的原则为:如果耦合节点子节点的状态信息全为 0,则耦合节点的状态信息在故障信息矩阵 D_S 中不变,仍为 0,只要子节点中的状态信息中有一个为 1,需要对故障信息矩阵 D_S 中耦合节点的状态信息进行重新设置并设置为 1。进行新状态信息的引入,其目的是简化故障判定条件和避免故障定位时存在误判现象。新状态信息引入原则为:只对耦合节点子节点进行新状态信息"2"的引入,如果故障判定矩阵 D_S 耦合节点子节点的状态信息全为 0 或者全为 1,则耦合节点子节点的状态信息不变,仍为 0 或者 1;当故障判定矩阵 D_S 耦合节点子节点的状态信息有一个为 1 时,将耦合子节点的另一子节点的状态信息进行重

新设置,设置成新状态信息2。

　　按照上述故障判定矩阵建立方法,假设故障发生在节点6、8之间的馈线段上,图4-4所示的含有耦合节点的配电网故障判定矩阵 $\boldsymbol{D}_P$ 为

$$
\boldsymbol{D}_P = \begin{bmatrix}
1 & 0 & 0 & 1 & 0 & 0 & 0 & 0 & 0 & 0 \\
0 & 1 & 0 & 0 & 1 & 1 & 0 & 0 & 0 & 0 \\
0 & 0 & 0 & 0 & 0 & 0 & 0 & 0 & 1 & 1 \\
0 & 0 & 0 & 1 & 0 & 0 & 1 & 0 & 0 & 0 \\
0 & 0 & 1 & 0 & 2 & 0 & 0 & 0 & 0 & 0 \\
0 & 0 & 0 & 0 & 0 & 0 & 1 & 0 & 1 & 0 \\
0 & 1 & 0 & 0 & 0 & 0 & 1 & 0 & 0 & 0 \\
0 & 0 & 0 & 0 & 0 & 0 & 0 & 0 & 0 & 0 \\
0 & 0 & 0 & 0 & 0 & 0 & 0 & 0 & 0 & 0 \\
0 & 0 & 0 & 0 & 0 & 0 & 0 & 0 & 0 & 0
\end{bmatrix} \tag{4-18}
$$

4.4.4　改进统一矩阵算法的故障判定原理

　　建立的故障判定矩阵 $\boldsymbol{D}_P$ 就反映了故障区段,其故障判定的判据为:

　　(1)对于节点 i 和 j 之间不存在耦合节点的情形,如果故障判定矩阵中的元素满足下列两个条件,即可以判断出在节点 i 和 j 之间的馈线线路间存在故障,将对应节点 i 和 j 的配电开关断开,进行故障隔离:① $d_{ii} = 1$;② $d_{ij} = 1$ ($i \neq j$), $d_{jj} = 0$。该判据的物理意义是:如果父节点出现正向过电流,子节点未出现或者出现反向过电流,就可以判断 i、j 之间的馈线发生故障。

　　(2)如果节点 i 和 j 之间存在耦合节点,假设节点 i 为父节点,耦合节点 j 为子节点,如果满足上面的两个条件,那么在由耦合节点 j 的子节点和父节点组成的配电区域内有故障,将耦合节点的子节点和父节点处的配电开关断开,进行故障隔离。该判据的物理意义是:如果耦合节点没有出现过电流,其父节点出现过电流,那么可以判断由耦合节点的子节点和父节点组成的配电区域内有故障。

　　(3)故障发生在末端 i 的判别条件是: $d_{ii} = 1$; $d_{ij} = 0$($j \neq i$)。末端故障判据的物理意义是:对角线元素为1且同一行其他元素都为0,即当某节点 i 流过故障过电流,且若以该节点为起点并不存在其他连接到该节点上的节点时,那么末端 i 必然发生故障。

　　上面建立的故障判据为充分必要条件,不满足上面判据的区间一定没有发生故障。

4.4.5 改进统一矩阵算法的有效性分析

下面故障分析都以图4-4所示的含有耦合节点的配电网为例,通过改进故障统一矩阵算法对发生在配电网上的复杂单一故障和不同支路上的多故障进行了分析,验证了改进算法的正确性和有效性。

4.4.5.1 复杂单一故障

假设故障发生在节点3和节点9之间,非耦合节点1、4、5、7流过正向故障过电流。节点2、3为耦合节点,耦合节点2的子节点5因为流过正向故障电流,其状态信息为1,子节点6和耦合节点3的子节点未流过正向故障电流,其状态信息为0,根据耦合节点、非耦合节点和状态信息"2"的引入规则,形成的故障判定矩阵 $\boldsymbol{D}_P$ 为

$$\boldsymbol{D}_P = \begin{bmatrix} 1 & 0 & 0 & 1 & 0 & 0 & 0 & 0 & 0 & 0 \\ 0 & 1 & 0 & 0 & 1 & 1 & 0 & 0 & 0 & 0 \\ 0 & 0 & 0 & 0 & 0 & 0 & 0 & 0 & 1 & 1 \\ 0 & 0 & 0 & 1 & 0 & 0 & 1 & 0 & 0 & 0 \\ 0 & 0 & 1 & 0 & 1 & 0 & 0 & 0 & 0 & 0 \\ 0 & 0 & 0 & 0 & 0 & 2 & 0 & 1 & 0 & 0 \\ 0 & 1 & 0 & 0 & 0 & 0 & 1 & 0 & 0 & 0 \\ 0 & 0 & 0 & 0 & 0 & 0 & 0 & 0 & 0 & 0 \\ 0 & 0 & 0 & 0 & 0 & 0 & 0 & 0 & 0 & 0 \\ 0 & 0 & 0 & 0 & 0 & 0 & 0 & 0 & 0 & 0 \end{bmatrix} \tag{4-19}$$

考查故障判定矩阵对角元素为1的节点: $d_{11}=1$, $d_{14}=1$, $d_{44}=1$; $d_{22}=1$, $d_{25}=1$, $d_{55}=1$; $d_{22}=1$, $d_{26}=1$, $d_{66}=2$; $d_{44}=1$, $d_{47}=1$, $d_{77}=1$; $d_{55}=1$, $d_{53}=1$, $d_{33}=0$; $d_{77}=1$, $d_{72}=1$, $d_{22}=1$ 。节点5为耦合节点, $d_{55}=1$, $d_{53}=1$, $d_{33}=0$, 满足第二种故障判定情况,很显然故障发生在节点5、9、10组成的配电区域内,将节点5、9、10三个节点处的配电开关断开,以达到故障隔离的目的。

4.4.5.2 不同支路上多故障

假设节点3、9之间的馈线和节点8的末梢处同时出现短路故障,节点1、4、5、6、7、8流过正向故障过电流,按照前面故障判定矩阵建立的原则,建立的故障判定矩阵 $\boldsymbol{D}_P$ 为

$$\boldsymbol{D}_\mathrm{P} = \begin{bmatrix} 1 & 0 & 0 & 1 & 0 & 0 & 0 & 0 & 0 & 0 \\ 0 & 1 & 0 & 0 & 1 & 1 & 0 & 0 & 0 & 0 \\ 0 & 0 & 0 & 0 & 0 & 0 & 0 & 0 & 1 & 1 \\ 0 & 0 & 0 & 1 & 0 & 0 & 1 & 0 & 0 & 0 \\ 0 & 0 & 1 & 0 & 1 & 0 & 0 & 0 & 0 & 0 \\ 0 & 0 & 0 & 0 & 0 & 1 & 0 & 1 & 0 & 0 \\ 0 & 1 & 0 & 0 & 0 & 0 & 1 & 0 & 0 & 0 \\ 0 & 0 & 0 & 0 & 0 & 0 & 0 & 1 & 0 & 0 \\ 0 & 0 & 0 & 0 & 0 & 0 & 0 & 0 & 0 & 0 \\ 0 & 0 & 0 & 0 & 0 & 0 & 0 & 0 & 0 & 0 \end{bmatrix} \qquad (4\text{-}20)$$

考查故障判定矩阵对角线元素为 1 的元素：$d_{11} = 1$，$d_{14} = 1$，$d_{44} = 1$；$d_{22} = 1$，$d_{25} = 1$，$d_{55} = 1$；$d_{22} = 1$，$d_{26} = 1$，$d_{66} = 1$；$d_{44} = 1$，$d_{47} = 1$，$d_{77} = 1$；$d_{55} = 1$，$d_{53} = 1$，$d_{33} = 0$；$d_{66} = 1$，$d_{68} = 1$，$d_{88} = 1$；$d_{77} = 1$，$d_{72} = 1$，$d_{22} = 1$；$d_{88} = 1$。节点 3 为耦合节点，$d_{55} = 1$，$d_{53} = 1$，$d_{33} = 0$，满足故障判据的第二条，所以故障发生在节点 5，9，10 组成的配电区域内，对于节点 8，$d_{88} = 1$，以该节点为起点并不存在其他连接到该节点上的节点，满足故障判据的第三条，所以故障发生在节点 8 的末梢处。

由以上分析可知，所提出的改进矩阵算法，无须进行矩阵相乘运算，无须进行规格化处理，且能够实现对各种类型配电网单一故障、多重故障和末梢故障的定位与隔离。

4.5　本章小结

随着城网、农网改造和配电自动化项目的普遍开展，配电系统中大量应用 FTU 等现场监控终端，为迅速、准确地实现配电网故障定位与隔离提供了前提和保障。配电网馈线故障的矩阵辨识技术是最早基于智能化终端设备 (FTU) 上传过电流报警信息的馈线故障辨识算法，具有原理简单、实现便捷、实时性好等优点。本章围绕配电网馈线故障的矩阵辨识技术的技术主题，针对基于规格化处理的馈线故障统一矩阵算法和含附加状态信息的配电网馈线故障统一矩阵算法两类算法进行详细分析与介绍，主要内容可概括为：

(1) 详细阐述了基于规格化处理的馈线故障统一矩阵算法的基本原理，包括网络描述矩阵构建、故障信息矩阵构建、故障判定矩阵构建、故障判定原则等。

（2）详细分析了基于规格化处理的馈线故障统一矩阵算法的工程适应性，表明其可实现简单辐射状配电网和含耦合节点复杂配电网的单一故障定位，且具有一定的容错性。

（3）详细分析了基于规格化处理的馈线故障统一矩阵算法在末端馈线故障和馈线多重故障区段辨识时的局限性。

（4）详细分析了含附加状态信息的配电网馈线故障统一矩阵算法背景、建模思路、故障定位算法原理、故障判定原理，并通过算例分析其在末端馈线故障和馈线多重故障区段辨识时的有效性。

参考文献

［1］刘健，倪建立，杜宇.配电网故障区段判断和隔离的统一矩阵算法［J］.电力系统自动化，1999，23（1）：31-33.

［2］朱发国，孙德胜，姚玉斌，等.基于现场监控终端的线路故障定位优化矩阵算法［J］.电力系统自动化，2000，24（15）：42-44.

［3］周羽生，周有庆，戴正志.基于FTU的配电网故障区段判断方法［J］.电力自动化设备，2000，20（4）：25-27.

［4］王飞，孙莹.配电网故障定位的改进矩阵算法［J］.电力系统自动化，2005，25（5）：40-42.

［5］卫志农，何桦，郑玉平.配电网故障定位的一种新算法［J］.电力系统自动化，2001，25（7）：48-50.

［6］郭壮志，陈波，许奎，等.配电网故障定位与隔离的一种改进矩阵算法［C］//中国高等学校电力系统及其自动化专业第二十二届学术年会，2006.

［7］刘健，毕鹏翔，董海鹏.复杂配电网简化分析与优化［M］.北京：中国电力出版社，2002.

第5章　配电网馈线故障辨识的群体优化技术

5.1　引　言

大量智能化终端设备 FTU 在动态获取配电网的过电流报警信息时,受恶劣电气、电磁干扰等不利因素影响,实时信息中经常出现信息误传或漏传情况,因此研究高容错性配电网故障定位方法具有重要意义。第 4 章中的统一矩阵算法在进行配电网馈线故障定位时,具有原理简单、实现便捷、速度快等优点,但其不足之处在于其采用的故障定位信息仅为线路元件两端分段开关的信息,属于局部搜索算法,当故障定位信息发生畸变时,容易出现故障错判或漏判等问题。因此,近年来基于群体优化技术的配电网馈线故障定位优化方法被提出。理论和实践表明:配电网馈线故障辨识的群体优化方法只要构建的模型能够有效反映配电网拓扑信息,进行故障定位时将具有较高的容错性能。

文献[1]基于遗传算法首次建立配电网故障定位的数学模型。但该模型并不完善,在进行故障定位时,即使信息不发生畸变,也可能出现误判现象。文献[2]建立了一种更适合配电网的数学模型,不仅可以避免误判,准确定位故障点,而且具有更强的容错性能,不足之处在于环网开环运行且发生多配电网故障时,需要进行多次故障定位。文献[3]根据蚁群算法的正反馈机制、分布式计算和贪婪启发式搜索的特点,建立基于蚁群算法的配电网故障定位方法,并采用分级处理思想来提高算法效率。文献[4]建立了一种新型的遗传算法,即配电网故障数学模型,但该模型具有实现过程相对复杂的缺点。文献[5]在文献[4]基础上建立了环网开环运行配电网的故障定位统一数学模型,能够同时进行多个区段的故障定位,同时采用广义分级处理思想来提高算法的效率。文献[6]~[7]沿用文献[1]~[5]的建模思路,将免疫算法、蝙蝠算法应用于定位模型的求解。文献[8]构建了考虑分布式电源接入的配电网故障定位模型,其本质是通过规定功率流单一正方向,从而等价于辐射状配电网故障定位问题,然后采用文献[1]~[7]的建模思路建模,并将新型群体智能算法和声算法用于故障定位模型求解。文献[9]提出了基于仿电磁学算法的高容错性配电网故障定位方法。

本章将围绕着配电网馈线故障辨识的群体优化技术的主线,对配电网馈线故障定位群体优化方法的基本原理和求解方法进行系统的阐述。鉴于该类方法进行故障定位时的思路相似,本章基于作者在该领域的研究成果,仅对遗传算法的配电网馈线故障辨识算法和基于仿电磁学算法的配电网馈线故障辨识算法进行详细论述。

5.2 基于遗传算法的配电网馈线故障辨识原理[4,5]

5.2.1 参数确定及编码

基于遗传算法的配电网故障定位的基本操作包括编码的构造、开关函数和适应度函数的构造、初始解群的形成和遗传操作等。如何确定待求参数及其编码方式、构造合适的开关函数和适应度函数,是进行配电网故障定位的前提。

进行配电网故障定位时,以开关(进线断路器、分段开关、联络开关)为节点,以相邻开关之间的配电区域为一个独立设备,各节点的状态信息由上传给主站监控系统的带时标的故障报警系统确定,各设备的状态即为遗传算法的参数。

由于遗传算法不直接作用于参数本身,而是以参数的编码为运算对象,因此需要对参数进行编码。网络中设备的状态有两种,即正常状态和故障状态,因此可用二进制编码方式(0 或 1)表示设备的状态,并将其状态编码组合成数字串。一般情况下,数字 1 表示设备故障,数字 0 表示设备正常。

5.2.2 适应度函数

建立合适的适应度函数是采用遗传算法进行配电网故障定位的关键。适应度函数反映配电网故障设备和开关过电流信号的关系,这种关系的正确度决定了配电网故障定位的准确度。根据上述分析,本章构造的适应度函数为

$$f_{\text{fit}}(x) = \sum_{j=1}^{N} |I_j - I_j^*(x)| + \sum |I_k - x(k)| \tag{5-1}$$

式中:I_j 为第 j 个分段开关的故障电流越限信号;N 为分段开关总数;$x(k)$ 为与联络开关相连的设备或单电源辐射型网络末端设备的状态信息;I_k 为与关联

设备相连的分段开关的电流越限信息;$I_j^*(x)$为设备状态信息确定的第j个分段开关的故障越限的期望值函数,本章称其为开关函数。

由式(5-2)可知,本章的适应度函数由两部分组成:第一部分和文献[1]的适应度函数相同;第二部分为新加入的一项,目的是当一个独立配电区域末端的设备发生故障时,避免出现误判现象。

5.2.3 开关函数

开关函数根据配电网中设备的信息确定各分段开关的状态信息。进行配电网故障定位时,求解上述配电网故障定位数学模型最优解的过程就是使设备信息确定的开关函数值最佳逼近由配电线路馈线终端单元 FTU 上报的各个分段开关的电流越限信息的过程。

4 分段单电源辐射型配电网见图 5-1。图中,CB_1为进线断路器;S_1、S_2 和S_3为分段开关;Z_1、Z_2、Z_3 和 Z_4 是配电网中的设备。为获得开关的过流信息,每个开关均配置有 FTU。当设备 Z_4 发生故障时,故障电流流过 CB_1、S_1、S_2 和 S_3;当设备 Z_3 发生故障时,故障电流流过 CB_1、S_1 和 S_2,其余设备发生故障的情况以此类推。

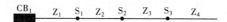

图 5-1　单电源辐射型配电网

设备和设备状态的对照关系如表 5-1 所示。

表 5-1　设备和设备状态对照关系

设备	Z_1	Z_2	Z_3	Z_4
状态信息	$x(1)$	$x(2)$	$x(3)$	$x(4)$

$\vee$ 表示逻辑或,CB_1、S_1、S_2 和 S_3 的开关函数分别为

$$I_{CB1}^*(x) = x(1) \vee x(2) \vee x(3) \vee x(4) \tag{5-2}$$

$$I_{S1}^*(x) = x(2) \vee x(3) \vee x(4) \tag{5-3}$$

$$I_{S2}^*(x) = x(3) \vee x(4) \tag{5-4}$$

$$I_{S3}^*(x) = x(4) \tag{5-5}$$

由式(5-2)~式(5-5)可知,设备 Z_4 发生故障时,故障电流流经 CB_1、S_1、S_2 和 S_3,CB_1、S_1、S_2 和 S_3 的电流越限信息为 1,为使适应度函数值最小,开关函数的值也应都为 1。如果改进前 S_3 的开关函数 $I_{S3}^*(x)$ 为 1,则 $x(4)$ 为 1,与假设

一致;如果改进前 S_2 的开关函数 $I_{S2}^*(x)$ 为 1,因为 $x(4)$ 为 1,所以 $x(3)$ 可以为 1,也可以 0,即 $x(3)$ 的状态不确定。同理, $x(1)$ 和 $x(2)$ 的状态也不确定。因此,传统故障定位的数学模型不够完善,利用遗传算法求出的与适应度函数最小值对应的解不止一个,进行故障定位时存在误判的可能。针对这一问题,本章对文献[1]的开关函数进行了改进,即

$$I_{CB1}^*(x) = [1 - x(2) - x(3) - x(4)] \vee x(2) \vee x(3) \vee x(4) \quad (5\text{-}6)$$

$$I_{S1}^*(x) = [1 - x(1) - x(3) - x(4)] \vee x(3) \vee x(4) \quad (5\text{-}7)$$

$$I_{S2}^*(x) = [1 - x(1) - x(2) - x(4)] \vee x(4) \quad (5\text{-}8)$$

$$I_{S3}^*(x) = 1 - x(1) - x(2) - x(3) \quad (5\text{-}9)$$

由式(5-6)~式(5-9)可知,建立改进的开关函数的过程就是通过不同的等价变换将一个由设备状态信息确定的多变量等式 $\sum_{i=1}^{4} x(i) = 1$ 代入到原开关函数的过程,由于对设备状态采用二进制编码, $x(i)$ 只能为 0 或 1,因此当只有一个 $x(i)$ 为 1,即只有一设备发生故障时,多变量等式 $\sum_{i=1}^{4} x(i) = 1$ 才成立,从而避免了配电网故障定位时的一值多解问题。

5.2.4　配电网馈线故障定位数学模型的理论分析

为验证上述配电网故障定位的数学模型的有效性,假设图 5-1 中设备 Z_4 发生故障,则故障电流流过 CB_1、S_1、S_2 和 S_3,在定位信息未发生畸变的情况下,上述开关的故障电流越限信息为 1,此时的适应度函数为

$$f_{fit}^*(x) = |1 - I_{CB1}^*(x)| + |1 - I_{S1}^*(x)| +$$
$$|1 - I_{S2}^*(x)| + |1 - I_{S3}^*(x)| + |1 - x(4)| \quad (5\text{-}10)$$

由式(5-10)可知:当 $x(4) = 0$ 时,适应度函数的值不小于 1;当 $x(4) = 1$ 且其他 $x(i)$ 为 0 时,适应度函数的值为 0(最小值);当还有其他 $x(i)$ 为 1 时, $|1 - I_{S3}^*(x)|$ 不小于 1,其对应的适应度函数值不是最小值。这再次表明本章提出的配电网故障定位的数学模型避免了一值多解问题,能够准确定位发生故障的区段,不存在误判现象。

由于潜在等式约束的存在,寻求改进的故障定位数学模型最优解的过程是以假设的单一故障为前提,寻找出配电网中的一个故障设备,使适应度函数达到最小值的联合寻优过程。求出的最优解即为满足多变量等式 $\sum_{i=1}^{N} x(i) = 1$ 的所有解的集合和使评价函数最小的所有解的集合的交集。如果求出的故障

设备对应的解同时满足 $\sum_{i=1}^{N} x(i) = 1$ 且适应度函数达到最小值,则该设备即为找出的最能解释所有上传的 RTU 或 FTU 信息的一个假设的故障设备。

5.2.5 环网开环运行的配电网故障定位的数学模型

文献[1]~[3]的配电网故障定位方法主要适用于单电源辐射型的配电网和规定正方向后的多电源并列运行的配电网。对环网开环运行的配电网进行故障定位时,一般采取区域划分的思想,以配电网中各个联络开关为界限,以进线断路器为一个独立配电区域的标志,将配电网转化为多个单电源辐射型的配电网,按上述故障定位方法分别对各个配电区域进行故障定位。基于分区域划分的思想进行故障定位时,遗传算法的程序有如下方式:①不同区域具有相同的遗传算法主程序(选择、交叉、变异),进行故障定位时,对一个独立的配电区域诊断完毕后才能对另一个独立的配电区域进行故障定位;②每个独立的配电区域都有各自对应的遗传算法主程序,进行故障诊断时,所有独立的配电区域可以同时进行故障定位。当几个独立配电区域同时发生故障时,方式①存在时间缺陷且需进行多次故障定位;而方式②与模块化编程的基本原则相违背,程序编制过程较复杂。

中低压配电网双电源单环网的拓扑结构见图 5-2。以联络开关 S_L 为界限,以进线断路器 S_1 和 S_8 为标志,将图 5-2 分为 2 个独立的配电区域 A 和 B。为将 A 和 B 统一在一个数学模型中,需对 2 个独立区域的分段开关和设备分别进行统一编号:$S_1 \sim S_8$ 为分段开关(不包含联络开关);$Z_1 \sim Z_8$ 为设备。按照上述开关函数和适应度函数的确定方法,分别建立独立配电区域 A 和 B 的开关函数和适应度函数,依据故障诊断理论中最小集概念[12],建立环网开环运行的配电网故障定位的统一数学模型。

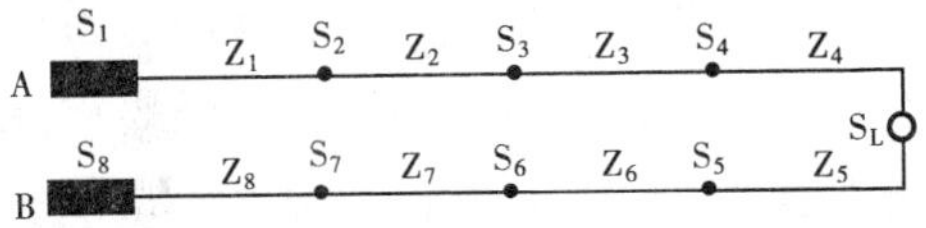

图5-2 中低压配电网双电源单环网的拓扑结构

假定图 5-2 中设备 $Z_i (i = 1, 2, \cdots, 8)$ 的状态信息为 $x(i) (i = 1, 2, \cdots, 8)$,设备故障时 $x(i) = 1$,否则 $x(i) = 0$。由第 5.2.3 节的方法得到的独立配电区域 A 和 B 的开关函数为

$$I_{S1}^*(x) = [1 - x(2) - x(3) - x(4)] \vee x(2) \vee x(3) \vee x(4) \quad (5\text{-}11)$$

$$I_{S2}^*(x) = [1 - x(1) - x(3) - x(4)] \vee x(3) \vee x(4) \tag{5-12}$$

$$I_{S3}^*(x) = [1 - x(1) - x(3) - x(4)] \vee x(4) \tag{5-13}$$

$$I_{S4}^*(x) = 1 - x(1) - x(2) - x(3) \tag{5-14}$$

$$I_{S5}^*(x) = 1 - x(6) - x(7) - x(8) \tag{5-15}$$

$$I_{S6}^*(x) = [1 - x(5) - x(7) - x(8)] \vee x(5) \tag{5-16}$$

$$I_{S7}^*(x) = [1 - x(5) - x(6) - x(8)] \vee x(5) \vee x(6) \tag{5-17}$$

$$I_{S8}^*(x) = [1 - x(5) - x(6) - x(7)] \vee x(5) \vee x(6) \vee x(7) \tag{5-18}$$

独立配电区域 A 和 B 的适应度函数分别为

$$f_{fit,A}(x) = \sum_{i=1}^{4} |I_i - I_{Si}^*(x)| + |I_4 - x(4)| \tag{5-19}$$

$$f_{fit,B}(x) = \sum_{i=5}^{8} |I_i - I_{Si}^*(x)| + |I_5 - x(5)| \tag{5-20}$$

根据最小集的概念,本章建立的适用于环网开环运行的配电网故障定位的统一适应度函数为

$$f_{fit,un}(x) = K_A f_{fit,A}(x) + K_B f_{fit,B}(x) \tag{5-21}$$

式中:K_A 和 K_B 为权重因子。当独立配电区域 A 发生故障时,$K_A = 1$,否则 $K_A = 0$;当独立配电区域 B 发生故障时,$K_B = 0$,否则 $K_B = 1$。

5.2.6 广义分级处理思想的应用

环网开环运行的配电网中,相互独立的配电区域之间互不影响,一个独立区域发生故障并不影响另一个独立区域的正常工作,因此各个独立区域没有优先级之分。但当建立统一的故障定位的数学模型时,如果没有优先级之分,将增加故障定位的时间,降低故障定位的效率。当图 5-2 中独立配电区域 A 和 B 发生故障时,式(5-21)中 K_A 和 K_B 均为 1,两个配电区域都参与寻优过程;当只有独立配电区域 A 发生故障时,如果 K_A 和 K_B 均为 1,则其可行性解的个数为 2^8,如果降低独立配电区域 B 的优先级(令 K_B 为 0),使其不参与寻优过程,则可行性解的个数为 2^4,大大提高了故障定位的效率。当独立配电区域的规模较小时,在满足故障定位时间要求的前提下,可以把更多的配电区域统一在一个故障定位模型中。如果一个独立配电区域的规模太大,不能采用上述统一的数学模型进行故障定位,只能对其分区并分别进行故障定位。

5.2.7 算法的有效性分析

在配电网发生单一故障的前提下,采用本章的模型和算法分别对单电源

辐射型配电网和环网开环运行的配电网进行仿真测试。

对于单电源辐射型配电网,假定测试的配电网络有 11 个分段开关、1 个进线断路器。输入表示断路器和各分断开关的电流越限信息(有过电流为 1,否则为 0),其中输入 1 表示定位信息未发生畸变的情况,输入 2 表示定位信息发生畸变的情况。输出表示设备发生故障的情况(设备发生故障为 1,否则为 0)。单电源辐射型配电网的测试结果见表 5-2。

表 5-2 单电源辐射型配电网的测试结果

端子	测试结果
输入 1	1 1 1 1 1 1 1 1 1 0 0 0
输出 1	0 0 0 0 0 0 0 0 1 0 0 0
输入 2	1 1 1 1 0 1 1 1 1 0 0 0
输出 2	0 0 0 0 0 0 0 0 1 0 0 0

对于环网开环运行的配电网(以图 5-2 为例),用输入 1、3 和 5 表示定位信息未发生畸变的情况,用输入 2、4 和 6 表示有 1 位定位信息发生畸变的情况。独立配电区域 A 和 B 同时发生单一故障的测试结果见表 5-3。独立配电区域 A 和 B 之一发生单一故障的测试结果见表 5-4。

表 5-3 配电区域 A 和 B 同时发生单一故障的测试结果

端子	测试结果
输入 1	1 1 1 1 1 1 1 1
输出 1	0 0 0 1 1 0 0 0
输入 2	1 0 1 1 1 1 0 1
输出 2	0 0 0 1 1 0 0 0

表 5-4 配电区域 A 和 B 之一发生单一故障的测试结果

端子	测试结果
输入 3	0 0 0 0 1 1 1 1
输出 3	0 0 0 0 1 0 0 0
输入 4	0 0 0 0 1 1 0 1
输出 4	0 0 0 0 1 0 0 0

端子	测试结果
输入 5	1 1 1 1 0 0 0 0
输出 5	0 0 0 1 0 0 0 0
输入 6	1 0 1 1 0 0 0 0
输出 6	0 0 0 1 0 0 0 0

由仿真结果可知,本章基于遗传算法建立改进的配电网故障定位的数学模型及其故障定位算法具有很高的容错能力,建立的环网开环运行的配电网故障定位统一数学模型能够同时准确实现几个不同配电区域的故障定位,容错性较高。

5.3 仿电磁学算法的基本原理

仿电磁学算法是 Birbil 博士于 2003 年提出的一种新型群体智能算法,该算法是在模拟物理学中带电电荷间作用力的基础上形成的一种随机全局优化算法,是一种多种群启发式算法,保留了其他群体智能算法对优化问题没有连续性、可微性、凸性要求的优点,同时与其他群体智能算法相比还具有一些突出的优点:

(1)仿电磁学算法主要是针对连续性优化问题而提出的,采用的是浮点数编码方法,对待优化问题无须空间变换和逆变换,与遗传算法等相比具有评价次数少、计算速度快等优点。

(2)仿电磁学算法中个体之间由于吸引排斥机制的存在,可以很好地实现个体间信息共享,同时利用个体间的排斥作用,能够近似模拟算法的下降方向,可保持种群个体的多样性,因此算法不易陷入局部最优。

5.3.1 算法物理学依据

电学是物理学中重要的基础学科,其真正成为一门定量的科学是从人类对电荷间相互作用机制的研究和认识开始的。经研究发现,世界上只存在正电荷和负电荷两种不同性质的电荷,其周围存在着一种被称为电场的特殊物质。电场的存在可以对放入的静止电荷产生力的作用,不同性质的电荷通过电场的作用产生相互吸引力,而同种性质的电荷间通过电场的作用产生相互间排斥力,在恒定电场力的作用下电荷将产生定向的移动。

电荷间通过电场而产生的相互作用力的大小与哪些因素有关? 其作用规律是什么? 1785 年法国物理学家库仑在其研究的基础上,指出电荷间作用力的大小和电荷所带电荷量及电荷间距离有关,其影响规律为:在惯性系中,真空中两静止点电荷间的相互作用与两电荷所带电荷量的乘积成正比,与它们之间距离的平方成反比,作用力的方向沿着这两点电荷的连线在电磁学中称为超距离作用原理。

图 5-3 为电荷间超距离作用力原理。假定电荷 i、j、k 性质相同,$F_{k,i}$、$F_{k,j}$ 分别为电荷 i、j 对电荷 k 的作用力;$F_{k,i,j}$ 为电荷 i、j 对电荷 k 的总作用力;$d_{i,k}$、$d_{j,k}$ 分别为电荷 i、j 与电荷 k 间的距离;α、β 分别为 $F_{k,i}$、$F_{k,j}$ 与 $F_{k,i,j}$ 间的夹角;ε_0 为真空介电常数;q_i、q_j、q_k 分别为电荷 i、j、k 具有的电荷量。则 $F_{k,i}$、$F_{k,j}$、$F_{k,i,j}$ 分别为

$$F_{k,i} = \frac{q_i q_k}{4\pi\varepsilon_0 d_{i,k}^2} \tag{5-22}$$

$$F_{k,j} = \frac{q_j q_k}{4\pi\varepsilon_0 d_{j,k}^2} \tag{5-23}$$

$$F_{k,i,j} = \overrightarrow{F_{k,i}} + \overrightarrow{F_{k,j}} = \frac{q_i q_k}{4\pi\varepsilon_0 d_{i,k}^2}\cos\alpha + \frac{q_j q_k}{4\pi\varepsilon_0 d_{j,k}^2}\cos\beta \tag{5-24}$$

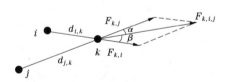

图 5-3　电荷间超距离作用力原理

由于电荷 i、j、k 性质相同,电荷 i、j 对电荷 k 的作用力 $F_{k,i}$、$F_{k,j}$ 为排斥力,它们对电荷 k 的总作用力 $F_{k,i,j}$ 也为排斥力,在其作用下电荷 k 将沿着合力的方向运动。

Birbil 博士所提出的仿电磁学算法就是模拟电荷间作用力及其运动特性而形成的新型群体智能算法,其基本原理是:将种群中的每个个体看作一个带电电荷,其电荷的大小由其个体所对应的目标函数值确定;利用电荷模拟个体间吸引力和排斥力的大小;计算出各个体所受其他个体作用力的合力,并沿合力方向或反方向前进产生新一代种群。

5.3.2 算法理论框架

至今,基于行为主义的群体智能算法已经有很多种,如遗传算法、演化计算、蚁群算法、粒子群算法等,仿电磁学算法是一种新型的基于行为主义的群体智能算法。根据图5-4可看出,尽管仿电磁学算法与其他类型群体智能算法的生物学依据不同,但它们的基本框架具有一致性,核心步骤包括原问题空间的变换、初始种群生成、算法空间搜索和算法终止准则四部分,可采用"种群生成+进化策略"的结构进行表示。

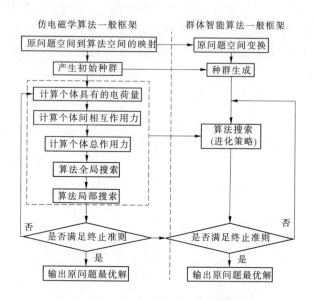

图5-4 仿电磁学算法的理论框架

根据仿电磁学算法的理论框架求解优化问题的基本步骤为:

(1)针对算法空间利用载波方法产生满足两界约束条件的初始种群,种群产生时可采用完全随机产生的方法或基于知识的随机产生方法。

(2)对产生种群中的个体进行局部搜索,以保证算法在小范围内进一步优化,局部搜索算法可采用无梯度坐标搜索方法。

(3)对种群进行全局搜索,以保证算法在可行域范围内的全局收敛性,其全局搜索算法是针对个体通过模拟相互间吸引力和排斥力实现的。

(4)产生新的种群并判断算法是否满足终止准则。

5.3.3　算法核心步骤实现策略

5.3.3.1　原问题空间变换

群体智能算法一般不直接作用于待优化问题的实际决策变量,而是某种智能载体如遗传算法作用于基因串,因此需要经过原问题空间到算法空间的变换。在空间变换中要满足等价性,只有这样才能够使群体智能算法的最优解和原问题空间的最优解相对应,这是成功求解原空间优化问题的关键。要满足空间变换的等价性需要满足变换间的完备性、健壮性和非冗余性三个准则。**OS** 表示原问题空间,**AS** 表示算法空间,**T** 表示空间映射,则完备性、健壮性和非冗余性可定义如下:

定义 5-1:若对于 $\forall x \in \mathbf{OS}$,则 $\exists y \in \mathbf{AS}$,使得 $y = \mathbf{T}(x)$,则称原问题空间到算法空间的变换具有完备性。

定义 5-2:若对于 $\forall y \in \mathbf{AS}$,则 $\exists x \in \mathbf{OS}$,使得 $x = \mathbf{T}^{-1}(y)$,则称原问题空间到算法空间的变换具有健壮性。

定义 5-3:若对于 $\forall x \in \mathbf{OS}$,仅存在一个变量 $y \in \mathbf{AS}$,使得 $y = \mathbf{T}(x)$ 成立,对于 $\forall y \in \mathbf{AS}$,仅存在一个变量 $x \in \mathbf{OS}$,使得 $x = \mathbf{T}^{-1}(y)$,则称原问题空间到算法空间的变换具有非冗余性。

仿电磁学算法在求解优化问题时,采用的是十进制浮点数编码,算法空间即是原问题空间。因此,仿电磁学算法完全满足原问题空间变换的完备性、健壮性和非冗余性准则,算法最优解即是原问题最优解,无须对优化结果采用逆变换,是仿电磁学算法在求解优化问题时的一个优势。

5.3.3.2　初始种群的产生

仿电磁学算法作为新型群体智能算法对优化问题的求解开始于多个起点,当开始无法估计优化问题最优解空间的粗略分布时,初始种群的产生一般采用等概率事件的方式。假定将原问题空间 **OS** 均分为 n 个相等的子空间,Pos 为事件发生的概率,则初始种群等概率事件产生方法特点可以描述为:

$$Pos(x \in \mathbf{OS}_1) = Pos(x \in \mathbf{OS}_2) = , \cdots, = Pos(x \in \mathbf{OS}_n) \ \forall x \in \mathbf{OS}$$

$$(5\text{-}25)$$

基本仿电磁学算法初始种群的产生采用的是等概率事件方法,对于群体智能算法该方法具有通用性,优点在于可实现对原问题空间的充分搜索,有利于找到全局最优解,但由于其没有考虑最优解粗略的范围,扩大了算法的搜索空间,将降低算法的求解效率。在实际中若可粗略估计最优解的大致范围,并在初始种群产生中体现出来,则有利于算法求解效率的提高。

5.3.3.3　种群个体电荷量计算

种群个体电荷量模拟是算法全局搜索策略的基础。与真实电荷不同,种群个体本身并不具有电荷,需要对其电荷值进行模拟。对待优化问题求解时,种群个体对应的目标函数值越优,其生命力就越强,越容易在算法进化过程中生存下来。因此,个体所具有的电荷量大小可与自身对应目标函数值关联起来,目标函数值越优,其自身所具有的电荷量就越大;反之,就越小。仿电磁学算法中,个体所具有电荷量的计算公式为

$$q_{c,i} = \exp\left\{ -n\frac{f(\boldsymbol{x}_i) - f(\boldsymbol{x}_{\text{best}})}{\sum\limits_{j=1}^{m}[f(\boldsymbol{x}_j) - f(\boldsymbol{x}_{\text{best}})]} \right\} \forall i \tag{5-26}$$

式中:$\exp(\bullet)$为指数函数;$\boldsymbol{x}_i$为种群中第 i 个个体;$\boldsymbol{x}_{\text{best}}$为种群中目标函数值最优的个体;$m$ 为种群规模;$q_{c,i}$为第 i 个个体所具有的电荷量;n 为待优化问题的维数,其引入的目的是避免求解高维优化问题时因指数幂值太小而产生的计算溢出问题。

待优化问题寻求的是目标函数的最小值,因此 $q_{c,i}$ 的最大值为 1,最小值的极限趋近于 0,且目标函数值越小,种群个体所具有的电荷量 $q_{c,i}$ 就越大。

5.3.3.4　种群个体受力计算

作为群体智能算法,若能够很好地实现个体间的信息共享,则有利于算法寻求到待优化问题的全局最优解。仿电磁学算法中的种群个体受力计算是实现个体间信息共享的核心步骤,它是在个体电荷量计算的基础上,通过模拟个体间吸引或排斥作用而实现个体间相互的联系。经典仿电磁学算法的个体间相互作用力模拟的机制是好的个体吸引差的个体,而差的个体排斥好的个体。下面利用图 5-5 来说明仿电磁学算法中吸引排斥机制的实现方法。

图 5-5　种群个体间吸引排斥机制

在图 5-5 中,种群个体 $\boldsymbol{x}_i$ 的目标函数 $f(\boldsymbol{x}_i)$ 优于种群个体 $\boldsymbol{x}_j$ 的目标函数 $f(\boldsymbol{x}_j)$,在仿电磁学算法中为促使当前解向更好的解移动,因此希望种群个体 $\boldsymbol{x}_j$ 在 $\boldsymbol{x}_i$ 作用力 $\boldsymbol{F}_{j,i}$ 的作用下向 $\boldsymbol{x}_i$ 的方向移动,种群个体 $\boldsymbol{x}_i$ 在 $\boldsymbol{x}_j$ 作用力 $\boldsymbol{F}_{i,j}$ 的作用下向 $\boldsymbol{x}_j$ 指向种群个体 $\boldsymbol{x}_i$ 的方向移动。种群个体 $\boldsymbol{x}_i$ 对 $\boldsymbol{x}_j$ 的作用力为吸引力,而种群个体 $\boldsymbol{x}_j$ 对 $\boldsymbol{x}_i$ 的作用力为排斥力。根据矢量方向的计算方法,种群

个体 x_i 对 x_j 的吸引力方向 $F_{i,j}$ 可表示为 $x_i - x_j$，种群个体 x_j 对 x_i 的排斥力方向 $F_{i,j}$ 可表示为 $-(x_j - x_i)$。很显然在种群个体间力的相互作用下，种群个体将向着更优的解移动。

在仿电磁学算法中除要模拟种群个体间作用力方向外，还要确定相互间作用力的大小。根据真实电荷间作用力与带电粒子电荷量的乘积成正比、与粒子间距离的平方成反比作用规律，则在考虑种群个体作用力方向时的相互间作用力计算公式为

$$F_{i,j} = \begin{cases} (x_j - x_i)\dfrac{q_{c,i}q_{c,j}}{\parallel x_j - x_i \parallel^2} & f(x_j) < f(x_i) \\ & \quad\quad\quad\quad \forall\, i,j, i \neq j \\ (x_i - x_j)\dfrac{q_{c,i}q_{c,j}}{\parallel x_j - x_i \parallel^2} & f(x_j) \geqslant f(x_i) \end{cases}$$

$$\begin{aligned} &(5\text{-}27\text{-}1)\\ &(5\text{-}27\text{-}2) \end{aligned}$$

$$(5\text{-}27)$$

式中：$F_{i,j}$ 为种群个体 j 对个体 i 的作用力，式(5-27-1)、式(5-27-2)分别为种群个体 j 对个体 i 的吸引力和排斥力；$\parallel \bullet \parallel$ 为向量范数，表示种群个体间的距离。

根据种群个体间相互作用力式(5-28)，通过叠加计算则可确定其他种群个体对其总作用力的大小及性质。种群个体 x_i 所受总作用力 F_i 的计算公式为

$$F_i = \sum_{j \neq i}^{m} \begin{cases} (x_j - x_i)\dfrac{q_{c,i}q_{c,j}}{\parallel x_j - x_i \parallel^2} & f(x_j) < f(x_i) \\ & \quad\quad\quad\quad \forall\, i,j \\ (x_i - x_j)\dfrac{q_{c,i}q_{c,j}}{\parallel x_j - x_i \parallel^2} & f(x_j) \geqslant f(x_i) \end{cases}$$

$$\begin{aligned} &(5\text{-}28\text{-}2)\\ &(5\text{-}28\text{-}1) \end{aligned}$$

$$(5\text{-}28)$$

5.3.3.5　算法的全局搜索策略

本章中算法的全局搜索策略指的是在保证反映种群个体间信息共享情况下，能够在全可行域范围内进行搜索的策略。在仿电磁学算法中，全局搜索策略的基础是种群个体所受总作用力和优化问题的边界条件。

在全局搜索策略时考虑种群个体所受总作用力的目的是保证算法能够向最优解方向移动，而利用边界条件的目的则是保证算法在可行域内进行搜索。s 为 $0 \sim 1$ 的随机数，在考虑随机搜索步长时的算法全局搜索公式为

$$\overline{x_i} = x_i + s\frac{F_i}{\parallel F_i \parallel}R_{NG} \quad \forall\, i \tag{5-29}$$

$$R_{NG} = \begin{cases} u - x_i & F_i > 0 \\ x_i - l & F_i \leqslant 0 \end{cases} \tag{5-30}$$

很显然,仿电磁学算法的全局搜索策略能够反映种群间信息共享情况,下面证明算法能够在全可行域范围内进行最优解的搜索。

定义 5-4:对于两界约束优化问题的种群个体 $\forall x_i \in \text{OS}$,利用群体智能算法进行搜索时,若映射 $\mathbf{T}$ 能使得 $\mathbf{T}(x_i)$ 可取可行域空间 OS 内的任一值,则称映射 $\mathbf{T}$ 为全局映射,群体智能算法对应的搜索策略为全局搜索策略。

5.3.3.6 算法的局部搜索策略

算法全局搜索策略的大范围搜索特性,使得其在最优解附近将会出现进化速度慢,难以收敛到全局最优解的缺陷,因此需要引入局部搜索策略,改善算法的收敛性能。在经典仿电磁学算法中采用的是对所有种群个体 $x_i = [x_{i,1}, x_{i,2}, \cdots, x_{i,n}]$ 的各分量进行坐标搜索,其搜索过程为:

(1)利用 0~1 的均匀随机数确定随机搜索步长 λ ;

(2)若 $\lambda > 0.5, y_{i,k} = x_{i,k} + \lambda(u_k - x_{i,k})$,若 $\lambda \leqslant 0.5$, $y_{i,k} = x_{i,k} - \lambda(x_{i,k} - l_k)$ 。

(3)从 $(x_{i,k}, y_{i,k})$ 中选取目标函数值较小的粒子作为新的种群个体。

上述步骤反复应用,直到对 x_i 中的所有分量搜索完毕。上述局部搜索策略虽然能够显著提高算法的收敛精度,但是对于大规模问题,种群个数随变量个数呈现指数的增长。因此,需要研究适合于大规模优化问题时的局部搜索策略。

5.3.4 算法搜索策略分析

在仿电磁学算法中,种群个体的受力计算是算法的核心,它反映了个体间的信息交流与共享。仿电磁学算法的全局搜索策略正是由于融合了种群个体间相互作用的信息,才使得该算法在求解效率上比遗传算法等群体智能算法要好,其根本原因是什么? 常规优化算法比群体智能算法求解的效率高的原因是什么? 仿电磁学算法全局搜索策略与常规优化算法之间存在怎样的联系?

群体智能算法如遗传算法等在寻优过程中通过随机搜索的途径对种群个体进行反复的实验、判定及回馈,实现算法的进化优化,由于没有利用梯度信息或一种有效的准则,使得算法存在较多冗余搜索的情况,可能使算法在较长时间内无法找到目标函数值更好的寻优方向。常规优化算法则不同,它可以通过梯度信息或利用某种准则使算法始终沿着目标函数值更好的方向移动,这也是比群体智能算法求解效率高的根本原因。假若在群体智能算法中能够融合自身的随机全局搜索优势及常规优化算法的高效搜索优势,则可显著改善自身的寻优性能。

仿电磁学算法的受力计算与全局搜索策略中利用了种群个体目标函数及决策变量的信息,其利用目标函数的本质是确定种群个体间优劣程度,而利用决策变量间的信息确定算法的寻优方向。下面来说明由决策变量间的信息所确定的仿电磁学算法的寻优方向为下降方向。

定义 5-5:对于 $\forall \boldsymbol{x}_k \setminus \boldsymbol{p}_k$,若 $\exists \bar{\alpha} > 0$,使得 $\forall \alpha \in (0, \bar{\alpha})$ 有 $f(\boldsymbol{x}_k + \alpha \boldsymbol{p}_k) < f(\boldsymbol{x}_k)$,则称 $\boldsymbol{p}_k$ 为函数 $f(\boldsymbol{x})$ 在 $\boldsymbol{x}_k$ 处的一个下降方向。

定义 5-6:对于 $\forall \boldsymbol{x}_k \setminus \boldsymbol{p}_k$,若 $\exists \bar{\alpha} > 0$,使得 $\exists \alpha \in (0, \bar{\alpha})$ 有 $f(\boldsymbol{x}_k + \alpha \boldsymbol{p}_k) < f(\boldsymbol{x}_k)$,则称 $\boldsymbol{p}_k$ 为函数 $f(\boldsymbol{x})$ 在 $\boldsymbol{x}_k$ 处的一个广义下降方向。

假定优化目标函数具有凸性特点,在仿电磁学算法中,由决策信息确定的寻优方向为式(5-28)。若种群个体 $\boldsymbol{x}_j$ 的目标函数值 $f(\boldsymbol{x}_j) < f(\boldsymbol{x}_i)$,则很显然 $\exists \alpha \in (0,1)$ 时 $f(\boldsymbol{x}_i + \alpha(\boldsymbol{x}_j - \boldsymbol{x}_i)) < f(\boldsymbol{x}_i)$ 成立;若种群个体 $\boldsymbol{x}_j$ 的目标函数值 $f(\boldsymbol{x}_j) > f(\boldsymbol{x}_i)$,则很显然 $\exists \alpha \in (0,1)$ 时 $f(\boldsymbol{x}_j + \alpha(\boldsymbol{x}_i - \boldsymbol{x}_j)) < f(\boldsymbol{x}_i)$ 成立。利用式(5-27)很显然存在以下条件成立:

$$
\begin{cases}
f\left(\boldsymbol{x}_i + \alpha(\boldsymbol{x}_j - \boldsymbol{x}_i) \dfrac{q_{c,i} q_{c,j}}{\|\boldsymbol{x}_j - \boldsymbol{x}_i\|^2}\right) < f(\boldsymbol{x}_i) & \alpha \in \left[0, \dfrac{\|\boldsymbol{x}_j - \boldsymbol{x}_i\|^2}{q_{c,i} q_{c,j}}\right], f(\boldsymbol{x}_j) < f(\boldsymbol{x}_i) \\[4mm]
f\left(\boldsymbol{x}_j + \alpha(\boldsymbol{x}_i - \boldsymbol{x}_j) \dfrac{q_{c,i} q_{c,j}}{\|\boldsymbol{x}_j - \boldsymbol{x}_i\|^2}\right) < f(\boldsymbol{x}_j) & \alpha \in \left[0, \dfrac{\|\boldsymbol{x}_j - \boldsymbol{x}_i\|^2}{q_{c,i} q_{c,j}}\right], f(\boldsymbol{x}_j) > f(\boldsymbol{x}_i)
\end{cases}
$$

$$(5\text{-}31)$$

因此,由式(5-27)所确定的寻优方向为下降方向,而由所有个体相互间作用所确定的下降方向的组合必存在 $\alpha \in (0, \bar{\alpha})$ 使得 $f(\bar{\boldsymbol{x}_i}) < f(\boldsymbol{x}_i)$ 成立,由式(5-28)确定的寻优方向为仿电磁学算法的下降方向。若优化目标函数具有非凸性特点,利用式(5-28)确定的寻优方向将存在 $\alpha \in (0, \bar{\alpha})$ 使得 $f(\bar{\boldsymbol{x}_i}) < f(\boldsymbol{x}_i)$ 成立,这时其为广义下降方向。在式(5-29)中 $s\boldsymbol{R}_{NG}/\|\boldsymbol{F}_i\| \geq 0$ 为仿电磁学算法确定的搜索步长,其中 s 为 $0 \sim 1$ 的随机数,由于这种随机性的存在,有利于算法找到全局最优解。

由此可以看出,仿电磁学算法的全局搜索策略在为向更好优化解的移动提供了一个下降搜索方向的同时,并利用引入的随机扰动因素促进算法在全局范围内寻求最优解,同时融合了随机全局优化算法和经典优化算法的优点,因此与遗传算法等相比在寻优过程中具有更高的搜索效率。

5.3.5 算法计算性能分析

Birbil 博士利用常用的数学测试函数和其他算法的求解性能进行比较,表明仿电磁学算法具有较少的评价次数和较好的收敛性能。实际上导致算法总的评价次数少的根本原因在于仿电磁学算法采用吸引排斥机制后,通过下降方向可促进优化目标函数值在每一次迭代中有较大的改善,使算法总的迭代次数减少。但是在每一次迭代中,仿电磁学算法为计算种群个体间相互作用力及进行局部搜索等操作,对优化问题的评价次数仍然较多,下面通过基本仿电磁学算法的伪代码来分析在一次迭代中算法的计算量。

(1)种群个体电荷量计算。

1: for $i = 1$ to m

2: $\quad q_{c,i} \leftarrow \exp\left\{-n\dfrac{f(\boldsymbol{x}_i) - f(\boldsymbol{x}_{\text{best}})}{\sum\limits_{j=1}^{m}\left[f(\boldsymbol{x}_j) - f(\boldsymbol{x}_{\text{best}})\right]}\right\}$

3: end for

(2)种群个体受力计算。

1: for $i = 1$ to m

2: $\quad$ for $j = 1$ to m

3: $\quad\quad$ if $f(\boldsymbol{x}_j) < f(\boldsymbol{x}_i)$ then

4: $\quad\quad\quad \boldsymbol{F}_i \leftarrow \boldsymbol{F}_i + (\boldsymbol{x}_j - \boldsymbol{x}_i)\dfrac{q_{c,i}q_{c,j}}{\|\boldsymbol{x}_j - \boldsymbol{x}_i\|^2}$ {Attraction}

5: $\quad\quad$ else

6: $\quad\quad\quad \boldsymbol{F}_i \leftarrow \boldsymbol{F}_i - (\boldsymbol{x}_j - \boldsymbol{x}_i)\dfrac{q_{c,i}q_{c,j}}{\|\boldsymbol{x}_j - \boldsymbol{x}_i\|^2}$ {Repulsion}

7: $\quad\quad$ end if

8: $\quad$ end for

9: end for

(3)算法的全局搜索策略。

1: for $i = 1$ to m

2: $\quad$ if $i = \text{best}$ then

3: $\quad\quad s = \text{rand}(1,1)$

4: $\quad\quad \boldsymbol{F}_i \leftarrow \dfrac{\boldsymbol{F}_i}{\|\boldsymbol{F}_i\|}$

5:     if $F_i > 0$ then

6:         $\overline{x_i} \leftarrow x_i + s \dfrac{F_i}{\|F_i\|}(u - x_i)$

7:     else

8:         $\overline{x_i} \leftarrow x_i + s \dfrac{F_i}{\|F_i\|}(x_i - l)$

9:     end if

10:    if $f(\overline{x_i}) < f(x_i)$ then

11:      $x_i \leftarrow \overline{x_i}$

12:    end if

13:    end if

14: end for

(4)算法的局部搜索策略。

1: $counter \leftarrow 1$

2: $Length \leftarrow \max(u_k - l_k)$

3: for $i = 1$ to m

4:   for $k = 1$ to n

5:     $s = \mathrm{rand}(1,1)$

6:     while $counter < Iteration$

7:         $F_i \leftarrow \dfrac{F_i}{\|F_i\|}$

8:      $\overline{x_i} \leftarrow x_i$

9:       $s = \mathrm{rand}(1,1)$

10:     if $s > 0.5$ then

11:      $\overline{x_i} \leftarrow x_i + s \times Length$

12:     else

13:      $\overline{x_i} \leftarrow x_i - s \times Length$

14:     end if

15:     if $f(\overline{x_i}) < f(x_i)$ then

16:      $x_i \leftarrow \overline{x_i}$

17:     end if

18:     $counter \leftarrow counter + 1$

19:   end while

20： end for

21： end for

根据上述仿电磁学算法的伪代码指令分析可知,在每次迭代计算中需要进行 m 次的种群个体电荷量计算、m 次的全局搜索策略、m^2 次的种群个体受力计算、$2m + m \times n \times s$ 次的目标函数值计算。由此可以看出,在一次迭代中仿电磁学算法的计算量非常大。进一步分析可以得出,仿电磁学算法计算量增加主要集中在种群个体受力计算及局部搜索策略中。在种群受力计算中所需的计算量与种群个体的平方成正比,局部搜索策略的计算量与变量及种群个体的乘积成正比。若能减少这两部分的计算量,将可显著提高算法的计算效率。Birbil 博士通过仿真分析比较对所有种群个体进行局部搜索和仅对当前代最优个体进行局部搜索情况下算法收敛情况,表明两种情况下的算法收敛情况相近,因此进行局部搜索策略时可仅对当前最优种群个体进行局部搜索,与原局部搜索策略相比可节约 $(m - 1) \times n \times s$ 倍的计算量,尽管如此,局部搜索算法的计算量仍然和变量个数多少有关,随着优化问题变量个数的增加,其计算量将会显著增大,对于求解大规模的优化问题,算法仍将需要进一步改进。

5.3.6 算法的改进策略

仿电磁学算法固有的结构及运行机制影响了算法的优化效率,在此暂不考虑与其他人工智能算法的融合机制,在保证算法良好收敛性及提高算法优化问题求解效率的前提下,主要从种群个体电荷量计算、受力计算、算法全局搜索策略及局部搜索策略等方面研究其改进措施。

5.3.6.1 种群个体电荷量计算的改进策略

Birbil 博士为避免在求解高维优化问题时算法的计算溢出问题,在电荷值计算公式中引入乘子 n,然而通过对高维优化问题的仿真,发现算法仍然存在计算溢出的缺陷,原因有两个:①优化问题中存在较多的自由变量,容易导致目标函数值的趋同性,从而导致计算溢出;②在算法进化后期,最差目标函数值和最优目标函数值较接近,导致种群个体目标函数值的趋同性,从而造成算法计算溢出。上述两种导致算法计算溢出的本质是使式(5-26)指数幂函数的分母趋近于零。

根据仿电磁学算法理论框架的分析可知,在进行种群个体具有电荷量的模拟时,要服从两个原则:①种群个体所具有的电荷量的大小和目标函数值相关,目标函数值越优,所具有的电荷量值就越大,否则就越小;②为保证后续计算在两界约束范围内,种群个体所具有的电荷量值需要在 0 ~ 1 范围内。在上述准则下同时考虑避免算法计算溢出时的种群个体改进电荷量计算公式为

$$q_{c,i} = \begin{cases} \exp\left\{ -\dfrac{f(\boldsymbol{x}_i) - f(\boldsymbol{x}_{\text{best}})}{(\,|f(\boldsymbol{x}_{\text{worst}})\,| + \,|f(\boldsymbol{x}_{\text{best}})\,|\,)/2} \right\} & |f(\boldsymbol{x}_{\text{worst}})\,| + \,|f(\boldsymbol{x}_{\text{best}})\,| \neq 0 \\ 1 & |f(\boldsymbol{x}_{\text{worst}})\,| + \,|f(\boldsymbol{x}_{\text{best}})\,| = 0 \end{cases} \quad \forall i$$

(5-32)

通过分析式(5-32)很容易得出满足上述两条准则的结论,同时可避免基本电荷量计算溢出问题。

5.3.6.2 种群个体受力计算的改进策略

基本仿电磁学算法在进行种群个体受力计算时,随个体数目的增加将显著增加自身的计算量,需要在保证良好收敛性能的前提下,研究减少算法计算量的途径。从其运行机制可以看出,受力计算的本质就是通过模拟个体间吸引或排斥机制来寻求算法搜索的下降方向,以促进算法最大程度上沿目标函数值更优的方向移动。假定在保证算法下降搜索方向的前提下,减少个体相互间作用力的计算次数将可显著改善算法的计算性能。

基本仿电磁学算法中寻优的原则是好解吸引差解、差解排斥好解。无论是哪种原则,其基本作用都是促进个体向目标函数值下降的方向移动。在受力计算分析中,只要对种群个体采用好解吸引差解或差解排斥好解单一原则,则可有效确定算法的下降方向,并可显著减少算法的计算量,有利于算法用于求解高维优化问题。

种群个体受力计算策略的改进方法为:①对于当前代非最佳种群个体采用好解吸引差解的方法确定其他种群个体对其总作用力;②对于当前代最佳种群个体采用差解排斥好解的方法确定其他种群个体对其总作用力。改进后的种群个体受力计算公式为

$$\boldsymbol{F}_i = \sum_{j \neq i}^{m} \begin{cases} (\boldsymbol{x}_j - \boldsymbol{x}_i)\dfrac{q_{c,i}q_{c,j}}{\|\boldsymbol{x}_j - \boldsymbol{x}_i\|^2} & f(\boldsymbol{x}_j) < f(\boldsymbol{x}_i), f(\boldsymbol{x}_i) \neq f(\boldsymbol{x}_{\text{best}}) \\ (\boldsymbol{x}_i - \boldsymbol{x}_j)\dfrac{q_{c,i}q_{c,j}}{\|\boldsymbol{x}_j - \boldsymbol{x}_i\|^2} & f(\boldsymbol{x}_j) \geq f(\boldsymbol{x}_i), f(\boldsymbol{x}_i) = f(\boldsymbol{x}_{\text{best}}) \end{cases} \quad \forall i,j$$

(5-33)

5.3.6.3 改进的算法全局搜索策略

基本仿电磁学算法的全局搜索策略,能够保证在可行域内进行大范围搜索,但实际经验表明,算法搜索空间较大,将会降低算法的计算效率。若能够

在保证搜索空间不缺失的情况下减小算法搜索空间的范围,则可显著提高算法的搜索效率。在群体智能算法中,采用随机扰动策略是一种可有效提高算法求解效率和收敛精度的途径,但随机扰动的引入又不能够让算法空间缩减太小,否则容易使算法陷入局部最优。融入随机扰动因素的改进全局搜索策略的计算公式为

$$
\overline{x_i} = \begin{cases} x_i + s\dfrac{F_i}{\parallel F_i \parallel}R_{\mathrm{NG}} & \mathrm{rand}(1,1) \leqslant P_{\mathrm{SEL}} \\[4mm] x_i + \eta \times (1 + \mathrm{rand}(1,1)) \times s \times \dfrac{F_i}{\parallel F_i \parallel}R_{\mathrm{NG}} \end{cases} \quad \forall i \quad (5\text{-}34)
$$

式中:P_{SEL} 为策略选择概率;η 为避免算法搜索范围过小而引入的常数,且 $\eta \in (0,1)$,为保证搜索空间不至于缩减太小,η 取值一般大于 0.5;$\mathrm{rand}(1,1)$ 为 $0 \sim 1$ 间的随机数。

式(5-34)保证算法以一定的概率 P_{SEL} 在可行域内进行大范围搜索,同时以 $1 - P_{\mathrm{SEL}}$ 的概率对算法的搜索空间进行随机扰动,使算法在缩减的空间中进行寻优,促进算法寻优效率的提高。

5.3.6.4　算法局部搜索的改进策略

基本仿电磁学算法由于需要对种群个体的每一维变量进行坐标搜索,占用了算法的大量时间,若只对种群个体部分变量进行局部搜索,将可显著提高搜索策略的效率。利用概率的随机选择策略,确定需要进行局部搜索的个体及其对应变量,然后通过突变策略实现算法的局部搜索,具体的计算公式为

$$
\begin{aligned}
x_{i|\,\mathrm{rand}(n,1)\leqslant P_{\mathrm{ISEL}}} &= l_{|\,\mathrm{rand}(n,1)\leqslant P_{\mathrm{ISEL}}} + \mathrm{rand}(n,1)_{|\,\mathrm{rand}(n,1)\leqslant P_{\mathrm{ISEL}}} \times (u - \\
&\quad l)_{|\,\mathrm{rand}(n,1)\leqslant P_{\mathrm{ISEL}}} \qquad P(x_i) \leqslant P_{\mathrm{ISEL}}
\end{aligned} \quad (5\text{-}35)
$$

式中:P_{ISEL} 为局部搜索策略的个体选择概率;P_{ISEL} 为种群个体变量突变位置的选择概率;$P(x_i)$ 为种群个体 x_i 对应的 $0 \sim 1$ 间的随机数;$\mathrm{rand}(n,1)$ 为 $n \times 1$ 均匀分布随机矩阵。

利用式(5-35)进行的局部搜索策略,很显然无须对个体对应的全部变量进行局部搜索,同时采用概率的随机选择策略,可保证算法的良好收敛性。由于在计算公式中引入了两界约束条件,可保证新的种群个体在可行域范围内。因此,改进后的局部搜索策略具有明显的优越性。

5.3.7　改进算法的计算量分析

算法计算量是影响其计算性能的重要因素,下面利用改进仿电磁学算法的伪代码程序来详细分析其在减少计算量方面的优势。改进前后种群个体电

荷量和全局搜索策略的计算公式表明其理论计算量基本相同,下面主要分析改进算法在受力计算和局部搜索策略方面的理论计算量。

（1）种群个体受力计算。

1: for $i = 1$ to m

2:   for $j = 1$ to m

3:     if $f(\boldsymbol{x}_i) < f(\boldsymbol{x}_i)$, $f(\boldsymbol{x}_i) \neq f(\boldsymbol{x}_{\mathrm{best}})$ then

4:        $\boldsymbol{F}_i \leftarrow \boldsymbol{F}_i + (\boldsymbol{x}_j - \boldsymbol{x}_i) \dfrac{q_{c,i} q_{c,j}}{\| \boldsymbol{x}_j - \boldsymbol{x}_i \|^2}$ {Attraction}

5:     else if $f(\boldsymbol{x}_i) \geqslant f(\boldsymbol{x}_i)$, $f(\boldsymbol{x}_i) = f(\boldsymbol{x}_{\mathrm{best}})$

6:        $\boldsymbol{F}_i \leftarrow \boldsymbol{F}_i + (\boldsymbol{x}_j - \boldsymbol{x}_i) \dfrac{q_{c,i} q_{c,j}}{\| \boldsymbol{x}_j - \boldsymbol{x}_i \|^2}$ {Repulsion}

7:     end if

8:   end for

9: end for

（2）算法的局部搜索策略。

1: for $i = 1$ to m

2:   if $P(\boldsymbol{x}_i) \leqslant P_{\mathrm{ISEL}}$

3:     $\boldsymbol{x}_{i|\mathrm{rand}(n,1) \leqslant P_{\mathrm{ISEL}}} = \boldsymbol{l}_{|\mathrm{rand}(n,1) \leqslant P_{\mathrm{ISEL}}} + \mathrm{rand}\ (n, 1)_{|\mathrm{rand}(n,1) \leqslant P_{\mathrm{ISEL}}} \times (\boldsymbol{u} - \boldsymbol{l})_{|\mathrm{rand}(n,1) \leqslant P_{\mathrm{ISEL}}}$

4:     if $f(\boldsymbol{x}_{i|\mathrm{rand}(n,1) \leqslant P_{\mathrm{ISEL}}}) < f(\boldsymbol{x}_i)$ then

5:       $\boldsymbol{x}_i \leftarrow \boldsymbol{x}_{i|\mathrm{rand}(n,1) \leqslant P_{\mathrm{ISEL}}}$

6:       $f(\boldsymbol{x}_i) \leftarrow f(\boldsymbol{x}_{i|\mathrm{rand}(n,1) \leqslant P_{\mathrm{ISEL}}})$

7:     end if

8:   end if

9: end for

根据上述改进仿电磁学算法的伪代码指令分析可知,在每次迭代计算中需要进行 $m(m + 1)/2$ 次的种群个体受力计算、最多 m 次的局部搜索计算,在局部搜索中每次迭代最多需要 m 次的目标函数评价。改进算法在个体受力计算和局部搜索策略中的总计算量为 $m(m + 3)/2$,与基本算法相比显著减少了计算量,并且总计算量和待优化问题的变量个数无关,只和种群个体数目有关,比较适合于求解大规模的非线性优化问题。

5.3.8　改进算法的收敛性分析

群体智能算法在理论上的全局收敛性是其成功应用于优化领域的理论基

础,因此对改进仿电磁学算法全局收敛性的分析和证明非常重要。根据改进仿电磁学算法的理论框架,新种群个体的产生只和当前种群个体有关,即只有当前种群个体对后续种群个体产生影响时,后续种群个体的产生具有随机性,因此仿电磁学算法的运行机制可采用具有马尔可夫性的随机过程进行描述,其全局收敛性可通过随机分析理论进行分析证明。Y_k 为算法第 k 次迭代中对应于种群个体的随机变量;X_m 表示算法随机过程对应的状态空间;$\rho(\boldsymbol{\Omega})$ 为种群个体转移到优化子空间 $\boldsymbol{\Omega}$ 中的最小转移概率;$\boldsymbol{B}_\varepsilon^*$ 为最优化问题的邻域最优解空间;$\boldsymbol{\chi}_{\boldsymbol{\Omega}}(\boldsymbol{x})$ 为种群个体在优化子空间 $\boldsymbol{\Omega}$ 中的个数。若当 $k \to \infty$ 时,$Poss\{\boldsymbol{\chi}_{\boldsymbol{B}_\varepsilon^*}(Y_k) \neq 0\}$ 的值为1,则称算法以概率1收敛到优化问题的全局最优解,下面利用引理5-1、引理5-2和随机分析理论来证明改进仿电磁学算法的全局收敛性。

引理5-1:若 $\boldsymbol{\Omega} \subset \mathbf{OS}$,且包含优化空间 $\mathbf{OS}$ 中的一个满维开球,则种群个体转移到优化子空间 $\boldsymbol{\Omega}$ 中的转移概率 $\rho(\boldsymbol{\Omega}) > 0$。

引理5-2:若对于 $\forall \boldsymbol{x} \in X_m$,$\exists \boldsymbol{\chi}_{\boldsymbol{B}_\varepsilon^*}(Y_k) \neq 0$,则 $Poss\{\boldsymbol{\chi}_{\boldsymbol{B}_\varepsilon^*}(Y_k) \neq 0 \mid Y_k = \boldsymbol{x}\} = 1$。

证明:根据概率论理论,证明 $Poss\{\boldsymbol{\chi}_{\boldsymbol{B}_\varepsilon^*}(Y_k) \neq 0\} = 1$ 等价于证明 $Poss\{\boldsymbol{\chi}_{\boldsymbol{B}_\varepsilon^*}(Y_k) = 0\} = 0$。根据改进仿电磁学算法的理论分析,其迭代进化过程具有马尔可夫无后效性,根据引理5-2概率公式 $Poss\{\boldsymbol{\chi}_{\boldsymbol{B}_\varepsilon^*}(Y_k) = 0\}$ 可表示为

$$Poss\{\boldsymbol{\chi}_{\boldsymbol{B}_\varepsilon^*}(Y_k) = 0\} = Poss\{\boldsymbol{\chi}_{\boldsymbol{B}_\varepsilon^*}(Y_1) = 0, \boldsymbol{\chi}_{\boldsymbol{B}_\varepsilon^*}(Y_2) = 0, \cdots, \boldsymbol{\chi}_{\boldsymbol{B}_\varepsilon^*}(Y_k) = 0$$

$$(5\text{-}36)$$

根据 Bayes 概率公式可将式(5-36)表示为

$$Poss\{\boldsymbol{\chi}_{\boldsymbol{B}_\varepsilon^*}(Y_k) = 0\} = Poss\{\boldsymbol{\chi}_{\boldsymbol{B}_\varepsilon^*}(Y_{k-1}) = 0\} \prod_{l=k}^{k} Poss\{\boldsymbol{\chi}_{\boldsymbol{B}_\varepsilon^*}(Y_l) = 0 \mid \boldsymbol{\chi}_{\boldsymbol{B}_\varepsilon^*}(Y_{l-1}) = 0\}$$

$$= Poss\{\boldsymbol{\chi}_{\boldsymbol{B}_\varepsilon^*}(Y_{k-2}) = 0\} \prod_{l=k+1}^{k} Poss\{\boldsymbol{\chi}_{\boldsymbol{B}_\varepsilon^*}(Y_l) = 0 \mid \boldsymbol{\chi}_{\boldsymbol{B}_\varepsilon^*}(Y_{l-1}) = 0\}$$

$$= Poss\{\boldsymbol{\chi}_{\boldsymbol{B}_\varepsilon^*}(Y_1) = 0\} \prod_{l=2}^{k} Poss\{\boldsymbol{\chi}_{\boldsymbol{B}_\varepsilon^*}(Y_l) = 0 \mid \boldsymbol{\chi}_{\boldsymbol{B}_\varepsilon^*}(Y_{l-1}) = 0\}$$

$$(5\text{-}37)$$

因改进仿电磁学算法的进化过程是一具有时间序列的马尔可夫随机过程,具有时间的无后效性,只需要计算条件概率 $Poss\{\boldsymbol{\chi}_{\boldsymbol{B}_\varepsilon^*}(Y_1) = 0 \mid \boldsymbol{\chi}_{\boldsymbol{B}_\varepsilon^*}(Y_{l-1}) = 0\}$ 的概率值,即可得出 $Poss\{\boldsymbol{\chi}_{\boldsymbol{B}_\varepsilon^*}(Y_k) = 0\}$ 的概率值。

根据 Bayes 概率公式可将 $Poss\{\boldsymbol{\chi}_{\boldsymbol{B}_\varepsilon^*}(Y_l) = 0 \mid \boldsymbol{\chi}_{\boldsymbol{B}_\varepsilon^*}(Y_{l-1}) = 0\}$ 表示为

$$Poss\{\chi_{B_\varepsilon^*}(Y_l) = 0 \mid \chi_{B_\varepsilon^*}(Y_{l-1}) = 0\} = \frac{Poss\{\chi_{B_\varepsilon^*}(Y_l) = 0, \chi_{B_\varepsilon^*}(Y_{l-1}) = 0\}}{Poss\{\chi_{B_\varepsilon^*}(Y_{l-1}) = 0\}}$$

$$= \frac{\displaystyle\int_{\chi_{B_\varepsilon^*}(x)=0} Poss\{\chi_{B_\varepsilon^*}(Y_1) = 0 \mid \chi_{B_\varepsilon^*}(Y_{l-1}) = y\} Poss\{\chi_{B_\varepsilon^*}(Y_{l-1}) = y\}\mu(\mathrm{d}y)}{\displaystyle\int_{\chi_{B_\varepsilon^*}(x)=0} Poss\{\chi_{B_\varepsilon^*}(Y_{l-1}) = y\}\mu(\mathrm{d}y)}$$

(5-38)

$$Poss\{\chi_{B_\varepsilon^*}(Y_l) = 0 \mid \chi_{B_\varepsilon^*}(Y_{l-1}) = y\} =$$
$$1 - Poss\{\chi_{B_\varepsilon^*}(Y_l) \neq 0 \mid \chi_{B_\varepsilon^*}(Y_{l-1}) = y\}, \forall y \in \{x : \chi_{B_\varepsilon^*}(x) = 0\}$$

(5-39)

根据引理 5-1 可知，$Poss\{\chi_{B_\varepsilon^*}(Y_1) \neq 0 \mid \chi_{B_\varepsilon^*}(Y_{l-1}) = y\} \geqslant 0$，所以对于式(5-39)可知

$$Poss\{\chi_{B_\varepsilon^*}(Y_l) = 0 \mid \chi_{B_\varepsilon^*}(Y_{l-1}) = y\} \leqslant 1 - \rho(\Omega) \quad (5\text{-}40)$$

因此，根据式(5-37)可以得出

$$Poss\{\chi_{B_\varepsilon^*}(Y_l) = 0 \mid \chi_{B_\varepsilon^*}(Y_{l-1}) = 0\} \leqslant$$

$$\frac{\{1 - \rho(\Omega)\}\displaystyle\int_{\chi_{B_\varepsilon^*}(x)=0} Poss\{\chi_{B_\varepsilon^*}(Y_{l-1}) = y\}\mu(\mathrm{d}y)}{\displaystyle\int_{\chi_{B_\varepsilon^*}(x)=0} Poss\{\chi_{B_\varepsilon^*}(Y_{l-1}) = y\}\mu(\mathrm{d}y)}$$

(5-41)

将式(5-41)代入式(5-36)可得

$$Poss\{\chi_{B_\varepsilon^*}(Y_k) = 0\} \leqslant \{1 - \rho(\Omega)\}^k \quad (5\text{-}42)$$

根据引理 5-1 和引理 5-2，当 $k \to \infty$ 时，有

$$\lim_{k \to \infty} Poss\{\chi_{B_\varepsilon^*}(Y_k) = 0\} \leqslant \lim_{k \to \infty}\{1 - \rho(\Omega)\}^k = 0 \quad (5\text{-}43)$$

因此，改进仿电磁学算法在理论上具有全局收敛性。

5.4　基于仿电磁学算法的配电网
故障区段定位基本原理

和遗传算法一样，利用仿电磁学算法进行配电网故障区段定位时，也是一种间接方法，基本原理就是通过开关函数所确定的馈线区段故障状态信息的逻辑值对 FTU 上传的电流越限信息的逻辑值进行逼近，从而确定出馈线发生故障的真正区段。利用仿电磁学算法来实现故障区段定位的数学模型本质上是一个具有 0－1 离散约束条件及逻辑求值的最优化问题，其数学模型为

$$\begin{cases} \min f(\boldsymbol{X}) \\ \mathrm{s.\,t.\,} x_i = 0 \text{ or } 1 \\ \boldsymbol{X} \in \mathbf{R}^n \\ i = 0,1,2,\cdots,n \end{cases} \qquad (5\text{-}44)$$

式中:n 为参数变量的维数;x_i 为第 i 维变量的取值。

由此可见,式(5-44)是一含有逻辑求解及其 0-1 离散变量的优化数学模型,采用普通的优化算法难以求解,利用仿电磁学算法等智能方法将具有独特优越性。采用该模型及仿电磁学算法来实现配电网故障准确定位的关键在于变量编码的含义、开关函数确定、目标函数 $f(\bullet)$ 的构造,以下从这几方面进行详细阐述。

5.4.1 参数确定与编码

采用仿电磁学算法来进行配电网故障定位时,需要依靠 FTU 所采集的自动化装置的过流信息,而故障定位过程就是通过优化使目标函数达到最小化,从而使以故障区段确定的过流信息与 FTU 上传的电流越限报警信息获得最佳逼近的过程,最终判断出发生故障的馈线区段。因此,应以进线断路器、分段开关、联络开关为节点,以相邻开关之间的配电区域作为独立设备,各设备的状态即为式(5-44)的优化参数,也就是仿电磁学算法优化模型中的决策变量。

在基于仿电磁学算法的优化模型中,参数采用 0-1 编码的方法,其取值只能为 0 或 1 并代表独立设备的状态信息,其关键之处在于编码的含义,即代表是故障还是非故障。配电网中设备的具体状态有 2 种形式,即正常状态和故障状态,本章采用数字 1 表示设备故障,数字 0 表示设备正常。假定对具有 9 个馈线区段的单电源辐射型配电网的故障定位最终结果为[000000100],则表示故障发生在第 7 个馈线区段。

5.4.2 开关函数

开关函数的构建是确定故障定位优化数学模型中目标函数的前提和基础,它反映的是设备信息和 FTU 等自动化终端设备上传的电流越限信号之间的相互关系,是对配电网网络物理拓扑的数学模拟,其模型是否能够正确反映这种物理对应关系,直接影响到故障定位结果的准确性。

根据文献[1]、[2]的建立方法,以图 5-6 所示 5 个节点的单电源辐射型配电网为例,所建立的开关函数数学模型为

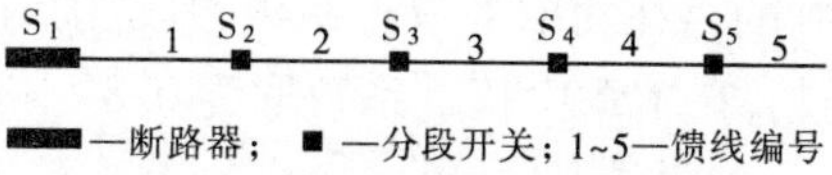

■■■—断路器； ■—分段开关；1~5—馈线编号

图 5-6　单电源辐射型配电网

$$I_{S_1}(x) = x(1) \vee x(2) \vee x(3) \vee x(4) \vee x(5) \tag{5-45}$$

$$I_{S_2}(x) = x(2) \vee x(3) \vee x(4) \vee x(5) \tag{5-46}$$

$$I_{S_3}(x) = x(3) \vee x(4) \vee x(5) \tag{5-47}$$

$$I_{S_4}(x) = x(4) \vee x(5) \tag{5-48}$$

$$I_{S_5}(x) = x(5) \tag{5-49}$$

在式(5-44)~式(5-49)中，$x(1)$ ~ $x(5)$ 为设备(馈线区段)的状态信息，且为 0 或 1。$I_{S_1}(x)$、$I_{S_2}(x)$、$I_{S_3}(x)$、$I_{S_4}(x)$、$I_{S_5}(x)$ 为对应自动化设备的开关函数。$\vee$ 表示逻辑或。开关函数 $I_{S_1}(x)$ 的含义为断路器 S_1 的电流越限信号和 5 个区段的馈线状态有直接关系，其他开关函数含义的解释方法相同。

5.4.3　单电源辐射状配电网故障定位的目标函数

开关函数是构建准确目标函数的前提和基础，而目标函数的准确性最终影响优化模型能否正确地定位出配电网发生故障的区段，因此如何协调开关函数和 FTU 上传的电流越限信息决定着判定结果的准确程度。如上所述，利用仿电磁学算法实现配电网故障区段定位的过程就是开关函数和电流越限信号的最佳逼近过程，以图 5-6 为基础，根据文献[1]的模型构建方法，所建立的目标函数为

$$f(x) = \sum_{j=1}^{5} \left| I_j - I_{Sj}(x) \right| \tag{5-50}$$

由文献[2]~[5]的分析可知，该模型并不完善，即使电流越限信息没有发生畸变，也可能出现误判现象。文献[2]~[5]对上述模型进行了改进，避免了误判的可能性，但是文献[3]~[5]的改进方法过于复杂，而文献[2]的模型构建方法则简单、直观、容错性能好。因此，本章采用文献[2]的建模方法，构造的改进目标函数为

$$f(x) = \sum_{j=1}^{5} \left| I_j - I_{Sj}(x) \right| + \omega \sum_{j=1}^{5} \left| x(j) \right| \tag{5-51}$$

式中，I_j 为第 j 个分段开关的故障电流越限信号，有越限时为 1，否则为 0；$x(j)$ 为第 j 个馈线区段的状态信息，有故障时为 1，无故障时为 0；$I_{Sj}(x)$ 为设备状态信息确定的第 j 个分段开关的故障电流越限的期望值函数，称其为开关函

数;ω 为避免误判错判的存在而取的权重系数,其范围为 $0 \sim 1$,但其值不能为 0 或 1,否则将出现误判,在本章中权重系数取为 0.8。

5.4.4 环网开环运行的配电网故障定位的数学模型

文献[1]～[3]的配电网故障定位方法主要适用于单电源辐射型的配电网和规定正方向后的多电源并列运行的配电网。对环网开环运行的配电网进行故障定位时,需要采取区域划分的思想,其具体的方法为:以配电网中各联络开关为界限,以进线断路器为一个独立配电区域的标志,将配电网化为多个单电源辐射型配电网,按上述故障定位方法分别对各个配电区域进行故障定位。基于分区域划分的思想进行故障定位时,若配电网同时存在多个馈线区段故障,将存在着时间的缺陷[5]。

图 5-7 所示为一个简单的双电源环网开环运行配电网,根据 5.4.3 小节单电源辐射状配电网故障定位数学模型的优点,以本章作者前期的研究作为基础[5],采用故障诊断的最小集理论和配电区域的统一标号思想(联络开关不参与统一标号),将多个配电独立区域统一于一个故障定位数学模型中。以图 5-7 所示的配电网为例,假定第 i 个馈线区段的状态信息为 $x(i)$,I_j 为第 j 个分段开关的故障电流越限信号,$I_{Sj}(x)$ 为设备状态信息确定的第 j 个分段开关的开关函数,所建立的环网开环运行配电网的故障定位统一数学模型为开关函数。

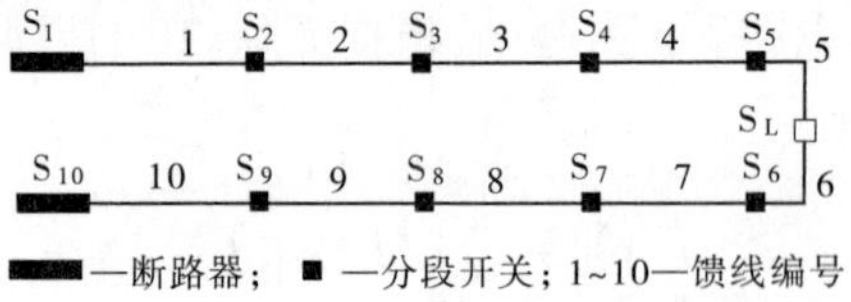

■■—断路器; ■—分段开关; 1～10—馈线编号

图 5-7 双电源环网开环运行配电网

$$I_{S_1}(x) = x(1) \vee x(2) \vee x(3) \vee x(4) \vee x(5) \tag{5-52}$$

$$I_{S_2}(x) = x(2) \vee x(3) \vee x(4) \vee x(5) \tag{5-53}$$

$$I_{S_3}(x) = x(3) \vee x(4) \vee x(5) \tag{5-54}$$

$$I_{S_4}(x) = x(4) \vee x(5) \tag{5-55}$$

$$I_{S_5}(x) = x(5) \tag{5-56}$$

$$I_{S_6}(x) = x(6) \tag{5-57}$$

$$I_{S_7}(x) = x(6) \vee x(7) \tag{5-58}$$

$$I_{S_8}(x) = x(6) \vee x(7) \vee x(8) \tag{5-59}$$

$$I_{S_9}(x) = x(6) \bigvee x(7) \bigvee x(8) \bigvee x(9) \qquad (5\text{-}60)$$

$$I_{S_{10}}(x) = x(6) \bigvee x(7) \bigvee x(8) \bigvee x(9) \bigvee x(10) \qquad (5\text{-}61)$$

目标函数：

$$f(x) = \sum_{j=1}^{10} \left| I_j - I_{Sj}(x) \right| + \omega \sum_{j=1}^{10} \left| x(j) \right| \qquad (5\text{-}62)$$

与文献[5]所建立的故障定位统一数学模型相比,不论是在开关函数的形式上还是在目标函数的构建上,都要简便得多,同时,该模型还克服了文献[5]只能够解决独立区域单一故障的准确定位问题的缺点,可以有效解决配电区域的复故障定位问题。

5.5　配电网故障定位模型的仿电磁学算法实现

由于配电网故障定位数学模型的特殊性(具有 0－1 约束和逻辑求解),因此 5.3 节中的仿电磁学算法不能够直接应用于该问题,本节从算法初始种群的产生、约束条件的处理、算法模型的改进、收敛准则等方面详细阐述仿电磁学算法求解故障定位模型的具体步骤。

5.5.1　基本求解步骤

(1)产生 0－1 描述的初始种群矩阵。

(2)找出初始种群中最优个体 x_{best} 及其对应的目标函数值 $f(x_{\text{best}})$。

(3)对种群进行局部搜索并找出本次迭代中最优个体 y_{best} 及其对应的目标函数值 $f(y_{\text{best}})$,若 $f(y_{\text{best}}) < f(x_{\text{best}})$,则 $x_{\text{best}} \leftarrow y_{\text{best}}$。

(4)判断步骤(3)是否满足最大的局部搜索次数,如果不满足,$j = j + 1$,则转到步骤(3),否则转到步骤(5)。

(5)根据式(5-28)计算种群所有个体总矢量力的值。

(6)利用式(5-29)产生新的种群,并找出种群中最好的个体 y_{best} 及其对应的目标函数 $f(y_{\text{best}})$,若 $f(y_{\text{best}}) < f(x_{\text{best}})$,则 $x_{\text{best}} \leftarrow y_{\text{best}}$。

(7)判断是否满足算法最大的迭代次数,若不满足,$k = k + 1$,则转到步骤(3),否则转到步骤(8)。

(8)算法终止,输出最优个体 x_{best} 及其对应的目标函数值 $f(x_{\text{best}})$,定位出发生故障的区段。

5.5.2　算法描述及改进

本部分对仿电磁学算法基本求解步骤中初始种群的产生方法、约束条件的处理进行详细描述,针对收敛条件和式(5-29)的不足阐述其改进方法。

5.5.2.1 初始种群

由数学模型式(5-23)可知,决策变量的值只能为 0 或 1,因此首先采用均匀随机数的产生方法,产生具有 m 个种群 n 个变量的矩阵,但此时矩阵的每个元素 $x_{i,j}$ 都是大于 0 小于 1 的数,不满足变量的要求,需要对矩阵的每个元素进行处理。处理的方法为:若 $x_{i,j} > 0.5$,$x_{i,j}$ 的取值为 1,否则 $x_{i,j}$ 的取值为 0,这样就产生了满足决策变量条件的初始种群。由于初始矩阵产生采用的是均匀随机方法,处理时采用的是以 0.5 等概率选择为界,能够继续保持种群的均匀性和多样性。

5.5.2.2 约束越界处理

遗传算法通过选择、交叉、变异仍然可以保证决策向量满足 0 - 1 约束条件,然而对于仿电磁学算法来说,通过观察种群移动公式和局部搜索公式(5-63)进行新解的更新,很显然得出的解都将不满足 0 - 1 约束条件,需要对新解进行越界处理。

$$x_{k+1} = x_k \pm \delta M \qquad (5\text{-}63)$$

式中:δ 为 0 ~ 1 的随机数;M 为搜索步长,为大于零的数。

处理方法为:若 $x_{k+1} > 1$,x_{k+1} 取值为 1;若 $x_{k+1} < 0$,x_{k+1} 取值为 0;若 x_{k+1} 的值在 0 和 1 之间,以 0.5 为界进行等概率选择,若 $x_{k+1} > 0.5$,x_{k+1} 取值为 1;若 $x_{k+1} \leq 0.5$,x_{k+1} 取值为 0。

仿电磁学算法采用的是等概率搜索,上述的处理变量越界的方法并不违背仿电磁学算法的基本原则,处理过程始终保持等概率搜索的处理方法。经过处理之后不仅可以满足决策变量的约束条件,而且保持了种群的多样性,有利于找到优化问题的全局最优解。

5.5.2.3 收敛条件

在仿电磁学算法中,采用指定的最大迭代次数作为终止条件,很显然这种收敛条件具有很大的缺陷,采用的迭代次数太多,将降低算法的效率;若采用的迭代次数太少,可能造成输出解不是问题的最优解,引起故障的误判。因此,本章采用算法的停滞代数作为收敛条件。通过仿真分析,停滞代数取值在 3 ~ 10 时,一般都可以准确地定位出故障的区段。

5.5.2.4 种群移动模型

由于故障定位数学模型中目标函数的特殊性,在其迭代求解过程中会出现式(5-33)为零向量的情况,因此在式(5-34)中将出现分母 $\| F_k^i \|$ 为零的情况,从而使优化过程无法进行下去。因此,需要对式(5-34)进行适当的处理,

具体的方法是在式(5-34)的分母上加一个抗干扰条件 a_δ ,改进后的种群进化模型为

$$x_{k+1}^i = x_k^i + \lambda \frac{F_k^i}{\| F_k^i \| + a_\delta} \quad \lambda \in \text{rand}(0,1) \tag{5-64}$$

式中: a_δ 是一个大于零的数,原则上取为不小于 1 的数。

由此可见,改进后的种群进化模型,避免了分母为零的情况,同时没有改变原始模型的进化规律,所以该模型仍然符合仿电磁学算法的思想。

5.6 基于仿电磁学算法的配电网 故障区段定位方法有效性分析

图 5-8 所示是一个典型的三电源环网开环运行配电网的简化图。图中有 3 个断路器、2 个联络开关、16 个分段开关,19 条馈线对应 19 个定位区段。以断路器为标志,以联络开关为界限可以分为 3 个独立配电区域。针对独立配电区域的详细的仿真情况在文献[1] ~ [8]中已经有详细阐述,本节主要针对建立的新型环网开环运行配电网故障定位统一数学模型进行仿真,来验证模型的正确性和高容错性能,同时将本章提出的算法和遗传算法的结果及效率进行比较,验证该算法的优越性。

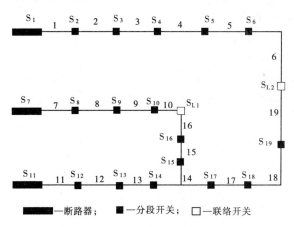

图 5-8 三电源环网开环运行配电网

5.6.1 故障定位数学模型

由于图 5-8 中的配电网含有耦合节点,配电网结构具有特殊性,因此在这

里对该配电网进行重新建模,所建立的开关函数模型为

$$I_{S1}(x) = x(1) \lor x(2) \lor x(3) \lor x(4) \lor x(5) \lor x(6)$$

$$I_{S2}(x) = x(2) \lor x(3) \lor x(4) \lor x(5) \lor x(6)$$

$$I_{S3}(x) = x(3) \lor x(4) \lor x(5) \lor x(6)$$

$$I_{S4}(x) = x(4) \lor x(5) \lor x(6)$$

$$I_{S5}(x) = x(5) \lor x(6)$$

$$I_{S6}(x) = x(6)$$

$$I_{S7}(x) = x(7) \lor x(8) \lor x(9) \lor x(10)$$

$$I_{S8}(x) = x(8) \lor x(9) \lor x(10)$$

$$I_{S9}(x) = x(9) \lor x(10)$$

$$I_{S10}(x) = x(10)$$

$$I_{S11}(x) = x(11) \lor x(12) \lor x(13) \lor x(14) \lor x(15) \lor x(16) \lor x(17) \\ \lor x(18) \lor x(19)$$

$$I_{S12}(x) = x(12) \lor x(13) \lor x(14) \lor x(15) \lor x(16) \lor x(17) \lor x(18) \\ \lor x(19)$$

$$I_{S13}(x) = x(13) \lor x(14) \lor x(15) \lor x(16) \lor x(17) \lor x(18) \lor x(19)$$

$$I_{S14}(x) = x(14) \lor x(15) \lor x(16) \lor x(17) \lor x(18) \lor x(19)$$

$$I_{S15}(x) = x(15) \lor x(16)$$

$$I_{S16}(x) = x(16)$$

$$I_{S17}(x) = x(17) \lor x(18) \lor x(19)$$

$$I_{S18}(x) = x(18) \lor x(19)$$

$$I_{S19}(x) = x(19)$$

根据环网开环运行配电网的建模方法所构建的目标函数为

$$f(x) = \sum_{j=1}^{19} |I_j - I_{Sj}(x)| + 0.8 \sum_{j=1}^{19} |x(j)| \tag{5-65}$$

5.6.2 仿真结果与比较

针对有信息畸变和无信息畸变两种情况进行仿真,鉴于故障的情形较多,仅将两种仿真情形的结果列于表 5-5 中:①无信息畸变情况下单一故障和复故障;②有 1 位信息畸变情况下单一故障和复故障。本章中单一故障指的是一个独立配电区域只有一个区段发生故障,复故障指的是具有耦合节点的独立配电区域有两个区段发生故障。分别采用仿电磁学算法(ELM)和遗传算法(GA)共同求解,对其定位结果和效率进行比较。

表 5-5　故障定位仿真结果

假定故障		种群个数		迭代次数		运行次数		正确次数	
		ELM	GA	ELM	GA	ELM	GA	ELM	GA
1	Sim1	4	10	10	10	20	20	18	0
	Sim2	10	20	10	50	20	20	20	12
2	Sim1	4	10	10	10	30	30	26	0
	Sim2	10	20	10	50	30	30	30	19
3	Sim1	4	10	10	10	20	20	17	0
	Sim2	10	20	10	50	20	20	20	10
4	Sim1	4	10	10	10	30	30	26	0
	Sim2	10	20	10	50	30	30	30	17

注:1,3:S6,S10,S19 故障,为单一故障;2,4:S16,S19 故障,为复故障。

在表 5-5 中,详细地描述了故障定位仿真结果,其中 1 和 2 代表无信息畸变情况,3 和 4 代表有 1 位信息畸变情况。由仿真结果可知,仿电磁学算法只需要较少的种群个数和迭代次数,就能够实现配电网故障的高准确定位。对于有信息畸变的情况,遗传算法当种群个数设定为 20 个,迭代次数设定为 50时,仍然具有较高的误判率。对于无畸变信息情况,仿电磁学算法具有更高的容错能力,经仿真试验,当初始种群个数为 2,迭代次数为 10 时,其定位的准确率仍然能够达到 80% 以上,而遗传算法在这种情况下得不出正确的故障定位结果。通过编程运行,初始种群个数设定为 10,以停滞代数作为终止条件,仿电磁学算法运行 50 次的平均故障定位时间不足 1 s。因此,仿电磁学算法在配电网故障定位容错性能和故障定位效率方面,具有明显优势。

5.7　本章小结

基于群体优化的配电网馈线故障辨识技术,因采用逼近关系理论优化建模,只要构建的模型能够有效反映配电网拓扑信息和过电流信号间的耦合关联关系,进行故障定位时将具有较高的容错性能,且通用性强,实现便捷,能够有效实现单一故障和多重故障的准确辨识。围绕着基于群体优化的配电网馈线故障辨识技术的参数编码、开关函数、优化目标、求解算法等方面,本章主要做了以下工作:

（1）详细阐述了基于遗传算法配电网馈线故障定位的基本原理,以单一故障为前提将等式约束条件隐含于适应度函数中,基于遗传算法建立了一个具有高容错性的配电网故障定位的数学模型。当环网开环运行且发生配电网故障时,基于传统的故障定位模型需进行多次故障定位。为避免这种问题,本章基于该模型建立了配电网故障定位的统一数学模型,并运用广义分级的思想提高了配电网故障定位的效率。

（2）以仿电磁学算法的物理学依据为基础,详细分析了算法的理论框架、实现步骤及核心策略的实现方法,包括初始种群的产生、种群个体电荷量模拟、个体间吸引排斥机制、全局搜索策略和局部搜索策略等;在分析算法吸引排斥机制的基础上,提出了对非最优个体仅采用吸引机制和最优个体仅采用排斥机制的单边受力计算方法,以便提高算法的优化性能和计算效率;提出了可提高算法计算效率的全局搜索策略;提出了适应于大规模优化问题求解的局部搜索策略。

（3）将仿电磁学算法应用到配电网故障定位中,详细论述了环网开环运行配电网故障定位统一数学模型的构建方法及基于仿电磁学算法实现配电网故障定位的基本步骤。针对故障定位模型采用 0－1 编码的特殊性,详细阐述了以二进制为基础的仿电磁学算法故障定位方法的编码方法、约束条件处理、参数选取、收敛条件的选择、抗干扰种群进化模型的构建等内容。

参考文献

［1］杜红卫,孙雅明,刘弘靖,等.基于遗传算法的配电网故障定位和隔离[J].电网技术,2000,25(5):52-55.

［2］卫志农,何桦,郑玉平.配电网故障区间定位的高级遗传算法[J].中国电机工程学报,2002,22(4):127-130.

［3］陈歆技,丁同奎,张钊.蚁群算法在配电网故障定位中的应用[J].电力系统自动化,2006,30(5):74-77.

［4］郭壮志,陈波,刘灿萍,等.潜在等式约束的配电网遗传算法故障定位[J].现代电力,2007,24(3):24-28.

［5］郭壮志,陈波,刘灿萍,等.基于遗传算法的配电网故障定位[J].电网技术,2007,31(11):88-92.

［6］郑涛,潘玉美,郭昆亚,等.基于免疫算法的配电网故障定位方法研究[J].电力系统继电保护与控制,2014,42(1):77-83.

［7］付家才,陆青松.基于蝙蝠算法的配电网故障区间定位[J].电力系统继电保护与控

制,2015,43(16):100-105.

[8] 刘蓓,汪沨,陈春,等. 和声算法在含 DG 配电网故障定位中的应用[J]. 电工技术学报,2013,28(5):280-286.

[9] 郭壮志,吴杰康. 配电网故障区间定位的仿电磁学算法[J]. 中国电机工程学报,2010,30(13):34-40.

第6章 配电网馈线故障辨识的线性整数规划技术

6.1 引 言

依据第5章配电网馈线故障辨识的群体优化技术相关理论描述可以看出,以群体智能算法为基础的配电网故障定位方法已取得了大量成果,但是通过分析不难看出,该类型方法的建模思想主要是基于故障诊断最小集理论的逻辑值模型构建,将面临以下两点问题:

(1)因模型中需要采用逻辑关系建模,模型构建相对比较复杂,若应用于大规模配电网中将进一步增加建模的复杂性。

(2)因故障定位模型中含有逻辑关系运算,不能应用数值稳定性好的常规优化算法,导致只能利用具有随机搜索特征的群体智能算法求解,当配电网规模较大时,将出现计算耗时、故障定位结果不稳定等不足。

因此,建立非逻辑值表示的配电网故障定位新模型显得非常必要。

本章围绕着基于代数关系描述理论进行配电网馈线故障辨识的方法,以故障诊断最小集理论为基础,以单一故障假设为前提,利用最优化理论首次建立了非逻辑关系描述的配电网故障定位绝对值新模型,并将其转化为含有 $0-1$ 整数变量的故障定位线性整数规划模型。详细阐述了配电网故障新模型构建的基本原理,定性分析所建模型在无信息畸变情况下全局最优解的存在性和在信息畸变情况下的高容错性。然后采用遗传算法和线性整数规划分别对所建绝对值模型和线性整数规划模型进行决策,通过案例验证所建模型和算法的有效性,并提出相应的工程实现方案。

6.2 基于整数规划的配电网故障定位数学模型

6.2.1 建模基本思想

采用馈线支路的状态信息作为内生变量,利用因果分析和类比法建立

FTU上传的故障电流越限信息与内生变量间的逼近关系模型,以故障诊断最小集理论为基础,构建含绝对值的非线性规划模型,通过对模型极值获得时逼近关系模型的特点,将其转化为线性整数规划模型,从而采用遗传算法和线性整数规划进行优化求解。

6.2.2 模型参数确定和编码

建模时需要通过馈线支路的状态信息逼近FTU所采集到的自动化装置的电流越限信息,因此以进线断路器、分段开关、联络开关为节点,以馈线支路状态信息作为内生变量。在编码时仍然采取0-1编码方式,本章采用数字1表示馈线区段故障,数字0表示馈线区段正常。

6.2.3 故障定位最佳逼近的非逻辑关系模型

逼近关系模型是构建故障定位优化模型的基础,采用因果分析建立自动化设备监控信息和馈线状态间的关联关系模型,以图5-6所示的5节点单电源辐射状配电网为例进行分析。假定 $x(1) \sim x(5)$ 分别为馈线 $1 \sim 5$ 的运行状态信息,$I_{S_1} \sim I_{S_5}$ 分别表示断路器和分段开关电流越限信息值,当有过电流时取值为1。图5-6中若断路器 S_1 的FTU采集到故障电流越限信息,依据图论连通性和电力系统潮流分布特征易知,电流越限信号可能是由馈线 $1 \sim 5$ 发生短路故障引起的。因此,馈线 $1 \sim 5$ 的设备状态信息与 S_1 的FTU电流越限状态直接相关,即 $x(1) \sim x(5)$ 是导致 I_{S_1} 值为1的直接原因,称馈线 $1 \sim 5$ 是 I_{S_1} 的因果设备。同理,馈线 $2 \sim 5$ 是 I_{S_2} 的因果设备,馈线 $3 \sim 5$ 是 I_{S_3} 的因果设备,馈线 4、5 是 I_{S_4} 的因果设备,馈线 5 是 I_{S_5} 的因果设备。表6-1为依据上述方法得到的 $I_{S_1} \sim I_{S_5}$ 的因果设备关联信息。

表6-1 $I_{S_1} \sim I_{S_5}$ 因果设备关联信息

电流越限信息值	因果设备与顺序	因果设备状态信息	数目
I_{S_1}	馈线 1、2、3、4、5	$x(1) \sim x(5)$	5
I_{S_2}	馈线 2、3、4、5	$x(2) \sim x(5)$	4
I_{S_3}	馈线 3、4、5	$x(3) \sim x(5)$	3
I_{S_4}	馈线 4、5	$x(4) \sim x(5)$	2
I_{S_5}	馈线 5	$x(5)$	1

依据上述因果设备的状态关联信息,以单故障假设为前提,基于故障最小集理论即可建立描述因果设备状态信息与断路器和分段开关的电流越限信息

$I_{S_1} \sim I_{S_5}$ 间的关联信息逼近关系模型。$I_{S_1}(x)$、$I_{S_2}(x)$、$I_{S_3}(x)$、$I_{S_4}(x)$、$I_{S_5}(x)$ 为对应自动化设备的逼近函数。$\vee$ 表示逻辑"或",文献[1]~[5]所构建的逼近关系模型为

$$I_{S_1}(x) = \left| I_{S_1} - x(1) \vee x(2) \vee x(3) \vee x(4) \vee x(5) \right| \tag{6-1}$$

$$I_{S_2}(x) = \left| I_{S_2} - x(2) \vee x(3) \vee x(4) \vee x(5) \right| \tag{6-2}$$

$$I_{S_3}(x) = \left| I_{S_3} - x(3) \vee x(4) \vee x(5) \right| \tag{6-3}$$

$$I_{S_4}(x) = \left| I_{S_4} - x(4) \vee x(5) \right| \tag{6-4}$$

$$I_{S_5}(x) = \left| I_{S_5} - x(5) \right| \tag{6-5}$$

依据文献[2]的分析可得出结论:上述开关模型能正确有效反映因果设备间的关联关系,但是并不满足故障诊断最小集理论。因此,造成文献[1]将因为存在"多对一"的关系而产生误判。文献[2]~[5]对其进行改进,虽然实现了"一对一"的状态逼近,但因基于逻辑值理论进行构建,使得模型构建复杂,且不能应用基于数值稳定性好的常规优化算法进行决策计算,因求解效率和数值不稳定原因存在,限制了在大规模配电网中的应用。依据式(6-1)~式(6-5),将模型中逻辑运算"$\vee$"改为减法运算,可得出新的逼近关系模型为

$$I_{S_1}(x) = \left| I_{S_1} - x(1) - x(2) - x(3) - x(4) - x(5) \right| \tag{6-6}$$

$$I_{S_2}(x) = \left| I_{S_2} - x(2) - x(3) - x(4) - x(5) \right| \tag{6-7}$$

$$I_{S_3}(x) = \left| I_{S_3} - x(3) - x(4) - x(5) \right| \tag{6-8}$$

$$I_{S_4}(x) = \left| I_{S_4} - x(4) - x(5) \right| \tag{6-9}$$

$$I_{S_5}(x) = \left| I_{S_5} - x(5) \right| \tag{6-10}$$

式(6-6)~式(6-10)中"$-$"符号除直接表示代数相减运算外,还直接蕴含了因果设备的运行状态信息对上传报警信息耦合作用的并联叠加特性。由式(6-6)~式(6-10)所建新逼近关系模型和式(6-1)~式(6-5)的逻辑模型比较可以看出,新模型不仅满足设备间的因果关联关系,而且避免了逻辑关系运算。以图5-6所示的辐射型配电网为例,对式(6-6)~式(6-10)进一步分析并和式(6-1)~式(6-5)比较来验证新模型的优势还在于同时满足故障诊断最小集理论,弥补了现有模型的不足。

依据文献[2]~[8]可知,配电网故障定位间接方法本质上是找到最能解释所有 FTU 等自动化开关的故障电流报警信息,即假定馈线故障造成的所有过电流状态信息与各监控点上传的故障电流越限状态信息之间的差异最小化,在最理想情况下差异应为 0,即式(6-6)~式(6-10)的代数和为 0,考虑其取值的非负性,只有式(6-6)~式(6-10)的值分别为 0 时才满足差异最小值 0。

下面对无信息畸变时的单一馈线故障进行分析,若式(6-6)~式(6-10)的值全为0时能准确找到预设故障位置,则表明新逼近关系模型满足故障诊断最小集理论。

假定断路器和分段开关的FTU都获得故障电流越限信息,即假定短路故障发生馈线5,此时 $I_{S_1} - I_{S_5}$ 的值为1,则对式(6-6)~式(6-10)采用回代方法可得到当式(6-10)中 $x(5)$ 的值为1时, $I_{S_5}(x)$ 才能达到最小值0。将 $x(5)$ 的值融合到式(6-9)中,则只有当 $x(4)$ 的值为0时, $I_{S_4}(x)$ 才能达到最小值0。同理,当 $I_{S_1}(x)$、$I_{S_2}(x) - I_{S_3}(x)$ 的值达到最小值0时, $x(1) - x(3)$ 的值只能为0,可辨识出馈线5发生短路故障,与假定故障位置一致。同理,假定仅 $I_{S_1} - I_{S_4}$ 值为1,分析可得到仅 $x(4)$ 的值为1,即馈线4发生短路故障。采用上述方法分析,可验证仅馈线1、馈线2或馈线3发生短路故障时逼近模型是合理有效的,此时 $I_{S_1}(x) - I_{S_5}(x)$ 同时达到最小值。由上述分析可知:所建逼近关系模型满足故障诊断最小集理论,能够准确定位出馈线故障区段。

依据配电网间接故障定位的最佳逼近思想,针对图5-6故障定位的目标函数数学模型可表示为

$$f(x) = \sum_{j=1}^{5} I_{S_j}(x) \tag{6-11}$$

同理,当具有 N 个自动化装置时含绝对值的配电网故障定位非逻辑关系新模型可表示为

$$\begin{cases} \min f(x) = \sum_{j=1}^{N} I_{S_j}(x) = \sum_{j=1}^{N} \left| I_{S_j} - \sum_{i=S_{j0}}^{S_{j0}+K_{S_j}} x(i) \right| \\ \text{s.t. } x(i) = 0/1 \quad X \in \mathbf{R}^N \end{cases} \tag{6-12}$$

式(6-12)中,S_{j0} 为配电网自动化设备 S_j 下游第一个因果关联馈线所在节点位置;K_{S_j} 为 S_j 的因果关联设备数目。

6.2.4 故障定位模型的容错性能分析

配电网自动化系统中FTU等自动化设备终端通常安装在室外,运行时受到外界干扰的因素较多,上传电流越限信息时可能出现信息缺失或畸变情况,需提高信息畸变状态下故障定位的准确率。下面将以单一故障为前提,利用图5-6所示的简化配电网分析所构建故障定位新模型的高容错性能。

假定馈线5故障,但此时 S_1 的电流越限信息出现畸变,即 I_{S_1} 的值为0。基于式(6-7)~式(6-10)分析,当 $x(5)$ 的值为1且 $x(2) - x(4)$ 的值为0时,

$I_{S_2}(x)$、$I_{S_3}(x)$、$I_{S_4}(x)$、$I_{S_5}(x)$ 达到最小值 0。此时,式(6-6)中若 $x(1)$ 的值为 0 时,$I_{S_1}(x)$ 的值为 1,$x(1)$ 值为 1 时,$I_{S_1}(x)$ 的值为 2,要使 $I_{S_1}(x)$ 的值达到最小,$x(1)$ 的值必须为 0。基于上述分析可准确定位出 1 位信息畸变时馈线的短路故障发生位置。

假定馈线 5 故障时 I_{S_1}、I_{S_2} 的值为 0,即存在 2 位电流越限信息畸变的情况。基于式(6-8)~式(6-10)分析,当 $x(5)$ 的值为 1 且 $x(3)-x(4)$ 的值为 0 时,$I_{S_3}(x)$、$I_{S_4}(x)$、$I_{S_5}(x)$ 达到最小值 0。式(6-7)中 $I_{S_2}(x)$ 要取得最小值,$x(2)$ 的值必须为 0。同理,得到 $x(1)$ 的值为 0 时,$I_{S_1}(x)$ 的值达到最小。基于上述分析可准确定位出 2 位信息畸变时馈线的短路故障位置。

综上所述,构建的配电网故障定位新模型具有较高容错性能,能够有效提高电流越限信息畸变下故障定位的准确率,其高容错性能将进一步通过仿真算例进行验证。

6.2.5 配电网故障定位的线性整数规划模型

式(6-12)所描述的配电网故障定位新模型中目标函数含有绝对值运算,绝对值的存在将导致目标函数的非线性,同时需要对内部元素的正负号进行判定,增加了优化决策的复杂性。若进行合理的简化,在保证最优决策不丢失前提下消除绝对值运算,将可大幅度降低决策复杂性,提高故障定位效率。

根据 6.2.3 小节的理论分析很容易看出,当定位出馈线短路故障发生区段时,馈线状态信息值 $x(i)$ 的值为 0 或 1。因此,逼近关系函数值达到最小时,以下不等式条件成立:

$$g_{S_1}(x) = x(1) + x(2) + x(3) + x(4) + x(5) - I_{S_1} \geqslant 0 \qquad (6-13)$$

$$g_{S_2}(x) = x(2) + x(3) + x(4) + x(5) - I_{S_2} \geqslant 0 \qquad (6-14)$$

$$g_{S_3}(x) = x(3) + x(4) + x(5) - I_{S_3} \geqslant 0 \qquad (6-15)$$

$$g_{S_4}(x) = x(4) + x(5) - I_{S_4} \geqslant 0 \qquad (6-16)$$

$$g_{S_5}(x) = x(5) - I_{S_5} \geqslant 0 \qquad (6-17)$$

很显然,将式(6-13)~式(6-17)的约束条件融入式(6-12)中可消除绝对值运算,建立 0-1 线性整数规划故障定位模型:

$$\begin{cases} \min f(X) = \sum_{j=1}^{N} g_{S_j}(X) = \sum_{j=1}^{N} \sum_{i=S_{j0}}^{S_{j0}+K_{S_j}} x(i) - I_{S_j} \\ \text{s. t. } g(X) \geqslant 0 \\ g(X) = [g_{S_1}(X), g_{S_2}(X), \cdots, g_{S_N}(X)] \\ x(i) = 0/1 \quad X \in \mathbf{R}^N \end{cases} \qquad (6-18)$$

由式(6-18)的数学模型可知,其为仅含有 0 - 1 整数变量的线性整数规划数学模型,可利用最优化方法中的线性整数规划方法直接进行求解。

6.2.6　具有 T 型耦合节点配电网的故障定位模型

根据文献[1]~[5]可知,配电网中存在 T 型耦合节点时,容易导致耦合节点下游馈线支路故障时的误判,因此有必要进一步对具有 T 型耦合节点的配电网故障定位新数学模型的构建方法进行分析。

实际上,具有 T 型耦合节点的配电网拓扑结构的主要特点是在耦合节点处出现新的馈线支路,其本质上是耦合节点下游馈线支路状态信息间失去因果关联关系。因此,仍然可以采用 6.2.3 节的建模方法进行故障定位模型构建。以图 6-1 所示简化的含 T 型耦合节点配电网为例说明建模方法。

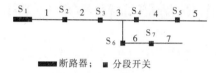

■■■断路器；　■ 分段开关

图 6-1　单电源 T 型耦合节点配电网

表 6-2 为基于 6.2.3 小节因果设备的理论分析所建立的因果设备关联信息。

表 6-2　因果设备关联信息

设备	电流越限值	因果设备与顺序	因果设备状态信息	数目
耦合节点前关联设备	I_{S_1}	馈线 1,2,3,4,5,6,7	$x(1) - x(7)$	7
	I_{S_2}	馈线 2,3,4,5,6,7	$x(2) - x(7)$	6
	I_{S_3}	馈线 3,4,5,6,7	$x(3) - x(7)$	5
耦合节点后关联设备	I_{S_4}	馈线 4,5	$x(4) - x(5)$	2
	I_{S_5}	馈线 5	$x(5)$	1
	I_{S_6}	馈线 6,7	$x(6) - x(7)$	2
	I_{S_7}	馈线 7	$x(7)$	1

根据表 6-2 的因果设备关联信息和 6.2.5 小节的配电网故障定位绝对值模型的建模与变换方法,建立的含 0 - 1 变量的线性整数规划故障定位模型为

$$
\begin{cases}
\min f(X) = \displaystyle\sum_{i=1}^{6} x(i) \times i + \sum_{i=6}^{7} x(i) \times (i-2) - \sum_{i=1}^{7} I_{S_1} \\[4mm]
\text{s.t.} \displaystyle\sum_{i=1}^{7} x(i) - I_{S_1} \geqslant 0 \quad \left[\begin{array}{l} \displaystyle\sum_{i=4}^{5} x(i) - I_{S_4} \geqslant 0 \\[3mm] x(4) - I_{S_5} \geqslant 0 \\[3mm] \displaystyle\sum_{i=6}^{7} x(i) - I_{S_6} \geqslant 0 \\[3mm] x(7) - I_{S_7} \geqslant 0 \end{array} \right] \quad x(i) = 0/1 \\[4mm]
\displaystyle\sum_{i=2}^{7} x(i) - I_{S_2} \geqslant 0 \\[4mm]
\displaystyle\sum_{i=3}^{7} x(i) - I_{S_3} \geqslant 0
\end{cases}
\tag{6-19}
$$

式(6-19)中[·]代表 T 型耦合节点后逼近关系约束不等式。将通过算例仿真验证该模型的有效性。

6.3 配电网故障定位整数规划模型求解

故障定位模型在构建时利用馈线支路的状态信息逼近 FTU 等自动化设备的故障电流越限信息。因此,在进行模型求解时,以馈线支路的运行状态作为决策变量。建立的故障定位模型中决策变量值只能为 0 或 1,因此在求解时需要考虑离散变量的处理。目前,人工智能算法和整数规划法是对离散变量求解的常用方法。

本章所建立的故障定位新模型有非逻辑关系描述的绝对值模型和线性整数规划模型。故障定位模型求解思路为:针对模型 1[式(6-12)],目标函数中因含有绝对值运算,采用群体智能算法进行求解将具有优势,利用遗传算法进行决策,来验证所建绝对值配电网故障定位模型的有效性;对于模型 2[式(6-18)],为提高决策效率,采用线性整数规划进行优化决策,以便验证转换后整数规划模型与绝对值模型在最优决策时的等价性。同时,和当前已有的基于逻辑关系描述的配电网故障定位模型求解时的群体智能算法比较,验证所建故障定位模型利用线性整数规划进行故障定位时在效率方面的显著优势。

6.4 配电网故障定位整数规划数学模型有效性分析

6.4.1 三电源环网开环运行配电网算例

以图 5-8 为例分析验证所建故障定位新模型的有效性。为进一步说明本章的建模方法,对图 5-8 所示的三电源环网开环运行配电网故障定位模型再次进行建模。根据 6.2.1~6.2.7 小节的建模方法,非逻辑绝对值故障定位模型为式(6-20);线性整数规划模型为式(6-21)。

$$
\begin{cases}
\min f(x) = \displaystyle\sum_{i=1}^{17} I_{S_j}(x) \\
I_{S_j}(x) = \left| I_{S_j} - \displaystyle\sum_{i=j}^{6} x(i) \right| \quad j = 1,2,3,4,5,6 \\
I_{S_j}(x) = \left| I_{S_j} - \displaystyle\sum_{i=j}^{10} x(i) \right| \quad j = 7,8,9,10 \\
I_{S_j}(x) = \left| I_{S_j} - \displaystyle\sum_{i=j}^{19} x(i) \right| \quad j = 11,12,13,14 \\
I_{S_j}(x) = \left| I_{S_j} - \displaystyle\sum_{i=j}^{16} x(i) \right| \quad j = 15,16 \\
I_{S_j}(x) = \left| I_{S_j} - \displaystyle\sum_{i=j}^{19} x(i) \right| \quad j = 17,18,19 \quad x(i) = 0/1
\end{cases} \tag{6-20}
$$

$$
\begin{cases}
\min f(x) = \displaystyle\sum_{i=1}^{19} I_{S_j}(x) \\
I_{S_j}(x) = \displaystyle\sum_{i=j}^{6} x(i) - I_{S_j} \geq 0 \quad j = 1,2,3,4,5,6 \\
I_{S_j}(x) = \displaystyle\sum_{i=j}^{10} x(i) - I_{S_j} \geq 0 \quad j = 7,8,9,10 \\
I_{S_j}(x) = \displaystyle\sum_{i=j}^{19} x(i) - I_{S_j} \geq 0 \quad j = 11,12,13,14 \\
I_{S_j}(x) = \displaystyle\sum_{i=j}^{16} x(i) - I_{S_j} \geq 0 \quad j = 15,16 \\
I_{S_j}(x) = \displaystyle\sum_{i=j}^{19} x(i) - I_{S_j} \geq 0 \quad j = 17,18,19 \quad x(i) = 0/1
\end{cases} \tag{6-21}
$$

针对有信息畸变和无信息畸变两种情况进行仿真。鉴于故障情形较多,只针对馈线 6、10、19 同时发生故障时无信息畸变、1 位信息畸变、2 位信息畸变、3 位信息畸变、4 位信息畸变的情况进行分析。针对绝对值模型采用遗传算法求解(初始种群 200,最大迭代次数 200),对线性整数规划模型求解时采用线性整数规划中的分支定界法,结果如表 6-3 所示。

表 6-3　故障定位仿真结果

模型	畸变位	函数值	故障区段	正确率
模型 1	无	0	馈线 6、10、19	>90%
模型 2	无	0	馈线 6、10、19	100%
模型 1	S_2	1	馈线 6、10、19	>90%
模型 2	S_2	1	馈线 6、10、19	100%
模型 1	S_2、S_{13}	2	馈线 6、10、19	>90%
模型 2	S_2、S_{13}	2	馈线 6、10、19	100%
模型 1	S_2、S_7、S_{13}	3	馈线 6、10、19	>90%
模型 2	S_2、S_7、S_{13}	3	馈线 6、10、19	100%
模型 1	S_2、S_7、S_{13}、S_{17}	4	馈线 6、10、19	>90%
模型 2	S_2、S_7、S_{13}、S_{17}	4	馈线 6、10、19	100%

根据表 6-3 的仿真结果可以看出:绝对值故障定位模型(模型 1)可以准确定位出配电网故障区段且具有较高的容错性能,在具有 1~4 位畸变信息时均可准确定位出馈线故障区段;线性整数规划模型和绝对值故障模型具有相同的极值点,表明线性整数规划模型和绝对值模型具有等价性,模型 1 向模型 2 变换的方法是有效的。同时,仿真表明群体智能算法求解时存在不稳定性,而所新建的故障定位模型采用线性整数规划进行故障辨识时可 100% 地实现故障区域的准确辨识,最优决策稳定,可有效减少故障的错判和漏判,对于提高故障定位的准确性和效率具有重要作用。

6.4.2　含多 T 型耦合节点的复杂配电网算例

为进一步验证所建模型的有效性,以具有 6 个 T 型耦合节点的单电源辐射型配电网为例进行仿真分析。配电网结构如图 6-2 所示,具有 1 个断路器、27 个分段开关,28 条馈线对应 28 个馈线定位区段。按照 6.2.6 小节建模理论进行建模。鉴于故障情形较多,仿真时只针对末端支路发生故障时有无畸变情况进行仿真。鉴于绝对值模型和线性整数规划模型的等价性,只针对线性整数规划模型进行仿真,求解时采用分支定界法,结果如表 6-4 所示。

根据表 6-4 的仿真结果可以看出,所构建的基于非逻辑关系描述的配电网故障定位模型可以准确定位出具有多耦合节点的复杂配电网故障区段且具

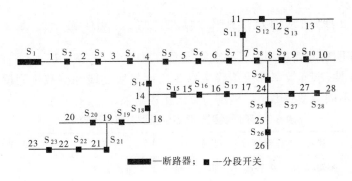

图 6-2 单电源多耦合节点辐射型配电网结构

有较高的容错性能,在具有 1~3 位畸变信息时均可准确定位出馈线故障区段。同时,进一步说明新故障定位模型满足因果设备间的关联关系和故障诊断最小集理论,进行馈线故障区段辨识时是正确有效的。

表 6-4 故障定位仿真结果

畸变位	假定故障	函数值	故障区段	正确率
无	馈线 10	0	馈线 10	100%
S_2	馈线 10	1	馈线 10	100%
无	馈线 13	0	馈线 13	100%
S_2、S_6	馈线 13	2	馈线 13	100%
无	馈线 17	0	馈线 17	100%
S_2、S_{15}	馈线 17	2	馈线 17	100%
无	馈线 20	0	馈线 20	100%
S_3、S_{18}	馈线 20	2	馈线 20	100%
无	馈线 23	0	馈线 23	100%
S_1、S_{18}	馈线 23	2	馈线 23	100%
无	馈线 26	0	馈线 26	100%
S_3、S_{21}	馈线 26	2	馈线 26	100%
无	馈线 28	0	馈线 28	100%
S_1、S_5、S_7	馈线 28	3	馈线 28	100%

6.4.3　与群体智能算法配电网故障定位方法比较

为表明所建新模型及其在求解方面的优势,应用文献[1]~[8]的算例在模型适应性、求解效率和决策稳定性 3 方面与所建线性整数规划模型比较。表 6-5 为不同类型故障定位模型与算法比较结果。

表 6-5　不同类型故障定位模型与算法比较结果

文献	模型	算例规模	可采用算法	文献算法	是否误判	算法稳定性
[1]~[3]	逻辑模型	19 节点	群体智能	遗传算法	是	不稳定
[4]	逻辑模型	20 节点	群体智能	蚁群算法	是	不稳定
[5]	逻辑模型	19 节点	群体智能	仿电磁学算法	是	不稳定
[6]	逻辑模型	11 节点	群体智能	免疫算法	是	不稳定
[7]	逻辑模型	28 节点	群体智能	蝙蝠算法	是	不稳定
[8]	逻辑模型	33 节点	群体智能	和声算法	是	不稳定
本章	代数模型	28 节点	群体智能、线性整数规划	线性整数规划	否	稳定

根据表 6-5 可以看出,采用逻辑关系构建配电网故障定位模型时,必须采用群体智能算法进行故障辨识,该类型算法虽然在处理离散变量时具有简单、便捷等优点,但其根本缺陷在于算法的稳定性不足,存在过早收敛或陷入局部最优,从而导致故障区段误判或漏判。基于非逻辑关系的故障定位模型可避开群体智能算法求解,利用线性整数规划求解时的数值稳定性强,只要定位模型合理,可完全正确地找到馈线故障区段。

此外,将图 5-6 所示的辐射型配电网拓展到 500 个节点,并假定馈线 500 发生故障,利用 Matlab2010a 遗传算法工具箱和线性整数规划进行模型优化求解。遗传算法的种群个数分别设置为 20、50、100、200、300、500,初始种群随机产生,算法终止条件为最大迭代次数 100,分别仿真运行 20 次,都不能获得最优目标函数值 0,即无法准确地定位出故障区段。以目标函数的停滞代数作为算法终止条件,停滞代数设置为 50,分别对上述种群时的故障定位模型进行仿真,分别仿真运行 20 次。当种群个数分别为 20、50、100、300 时将会陷入局部最优,仍然无法准确定位出故障区段;当种群个数为 500 时,其中有 2 次出现错判,有 18 次能够准确辨识馈线故障,平均耗时约 22 s。采用线性整数规划时,从任意初始点开始寻优,在 AMD E2 – 1800 CPU1. 70GHz 的 Matlab 环境中进行仿真,仿真运行 20 次,故障定位最小与最大时间分别为 5.03 s 和 6.5 s。与遗传算法相比,在数值稳定性上和求解效率上都有显著优势,因此本章所构建的故障定位新模型跳出了对群体智能算法的依赖,可利用数值稳定性好、求解效率高的常规优化算法进行决策,在大规模配电网故障定位中可获得应用,具有巨大的工程应用价值。

6.5　配电网馈线故障辨识的线性整数规划技术方案

6.5.1　配电网故障定位装置的技术方案

配电网馈线故障辨识的线性整数规划方法的技术方案是:一种配电网在线故障定位装置,包括电流状态监测装置、配电网结构辨识装置、控制主站和通讯装置,电流状态监测装置与配电网相连接,电流状态监测装置通过通讯装置与控制主站相连接,配电网结构辨识装置通过通讯装置分别与配电网、控制主站相连接。

电流状态监测装置包括电流测量装置、存储装置、信号处理装置、计时装置和通信装置,电流测量装置与配电网相连接,电流测量装置与存储装置相连接,存储装置与信号处理装置相连接,信号处理装置与计时装置相连接,计时装置与通信装置相连接,通信装置与通讯装置相连接。

电流测量装置采用分布式 FTU 实现,存储装置为 ROM,信号处理装置采用逻辑比较器实现,计时装置采用电子计数器实现,通信装置采用 GPRS 或光纤通信实现,通信装置进行报警信息或远程控制指令的传输。

配电网结构辨识装置包括存储器和信号处理装置,实现对配电网网络拓扑信息的存储与追踪、开关函数的生成、网络结构数据对控制主站的共享。配电网结构辨识装置采用 DSP 实现。

控制主站包括数据库和故障定位系统,实现电流越限参考值的整定、与电流状态监测装置和配电网结构辨识装置的信息共享、配电网故障定位数学模型的生成与故障优化的辨识。

故障定位系统采用基于代数关系理论、逼近关系描述和最优化建模原理建立优化目标最小化的线性整数规划故障定位模型,并采用 0 – 1 线性整数规划实现故障定位。

有益效果:所述的配电网馈线故障区段辨识技术方案具有配电网拓扑动

态追踪能力,因采用逼近关系建模,具有高容错性,且因采用代数关系描述和线性整数规划实现故障定位模型的建模和求解,具有效率高、数值稳定性好的优势,并可实现多重故障定位,可应用于大规模配电网的在线故障定位,有效克服了现有基于群体智能优化的故障定位算法因对群体智能优化的依赖而导致的数值不稳定性,容易导致错判或漏判,效率不高,不能应用于在线大规模配电网故障定位等难题。

6.5.2 配电网故障定位装置的具体实施方式

为了更清楚地说明上述配电网馈线故障区段辨识技术中的技术方案,下面将结合图 6-3 和图 6-4 进行具体实施方式的进一步阐述。

6.5.2.1 实施例1

如图 6-3 所示,一种配电网在线故障定位装置包括电流状态监测装置 1、配电网结构辨识装置 2、控制主站 3 和通讯装置 4,电流状态监测装置 1 与配电网 5 相连接,电流状态监测装置 1 通过通讯装置 4 与控制主站 3 相连接,配电网结构辨识装置 2 通过通讯装置 4 分别与配电网 5、控制主站 3 相连接。

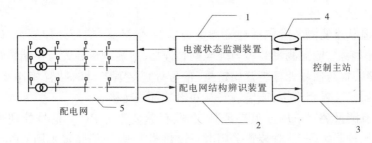

图 6-3 配电网馈线故障定位装置实施例1

工作过程:电流状态监测装置 1 基于一定周期(通常为 15 min)监测配电网 5 的监测点的电流,并与正常极限参考电流值比较判断是否存在电流值越限情况,若存在故障过电流,然后通过通讯装置 4 传送至控制主站 3;配电网结构辨识装置 2 对配电网 5 进行网络拓扑信息的存储与追踪、开关函数的生成、网络结构数据的监测,然后通过通讯装置 4 将上述信息与控制主站 3 进行共享;控制主站 3 根据电流状态监测装置 1 的故障电流状态和配电网结构辨识装置 2 监测的配电网 5 的信息,找出配电网馈线的故障位置,最后通过通讯装置 4 向故障馈线两端的电流状态监测装置 1 发送故障隔离指令,隔离故障。

6.5.2.2 实施例2

如图 6-4 所示,一种配电网在线故障定位装置包括电流状态监测装置 1、配电网结构辨识装置2、控制主站3和通讯装置4,电流状态监测装置1与配电网5相连接,电流状态监测装置1通过通讯装置4与控制主站3相连接,配电网结构辨识装置2通过通讯装置4分别与配电网5、控制主站3相连接。

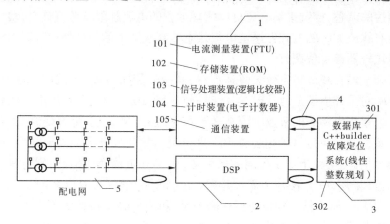

图6-4　配电网馈线故障定位装置实施例2

电流状态监测装置1包括电流测量装置101、存储装置102、信号处理装置103、计时装置104和通信装置105,电流测量装置101与配电网5相连接,电流测量装置101与存储装置102相连接,存储装置102与信号处理装置103相连接,信号处理装置103与计时装置104相连接,计时装置104与通信装置105相连接,通信装置105与通讯装置4相连接。

电流测量装置101采用分布式FTU实现,存储装置102为ROM,信号处理装置103采用逻辑比较器实现,计时装置104采用电子计数器实现,通信装置105采用GPRS或光纤通信实现,通信装置105进行报警信息或远程控制指令的传输,通过通讯装置4传输至控制主站3。

配电网结构辨识装置2包括存储器和信号处理装置,配电网结构辨识装置2实现对配电网网络拓扑信息的存储与追踪、开关函数的生成、网络结构数据对控制主站的共享。配电网结构辨识装置2采用DSP实现。配电网结构辨识装置2还具有拓扑追踪功能,配电网重构导致的配电网结构变化而动态调整配电网的拓扑连接信息。

控制主站3包括数据库301和故障定位系统302,控制主站3实现电流越限参考值的整定、与电流状态监测装置1和配电网结构辨识装置2的信息共享、配电网故障定位数学模型的生成与故障优化的辨识。故障定位系统302基于C++buider实现,采用基于代数关系理论、逼近关系描述和最优化建模原理,建立优化目标最小化的故障定位模型并采用 0 – 1 线性整数规划实现故障定位。

因随着社会经济对电力需求的增长、电网改造升级,电流越限参考值要进行周期性的调整,控制主站 3 还可以实现远程的电流越限参考值整定,整定完毕通过有线或无线的方式发送至电流状态监测装置 1 的信号处理装置 103 进行逻辑比较器参考值调整。

当配电网在线故障定位装置运行时,利用电流状态监测装置 1 中的计时装置 104 对采样周期进行计时,当计时周期(15 min)达到时,利用电流测量装置 101 采集配电网 5 的节点电流并送至存储装置 102,当数据存储结束,利用现场总线将其送至信号处理装置 103 进行逻辑比较判断电流是否越限,若不存在越限信息,等待下个采样周期的到来;若存在电流越限信息,则将其电流越限信息(采用 0 – 1 表示,1 表示越限)通过通讯装置 4 上传至控制主站 3 的数据库 301,控制主站 3 检测数据存储完毕,利用故障定位系统 302 从配电网结构辨识装置 2 中的 DSP 中获取配电网拓扑信息和开关函数模型,并基于数据库 301 的电流越限信息,自动生成配电网故障定位的线性整数规划数学模型,然后启动线性整数规划程序,找出配电网馈线故障位置,最后向故障馈线两端的电流状态监测装置 1 发送故障隔离指令,隔离故障。

6.6　本章小结

针对智能配电网背景下基于智能化终端设备(FTU)的馈线故障的在线故障定位问题,围绕着配电网馈线故障辨识的线性整数规划技术,本章主要做了以下工作:

(1)针对基于整数规划的配电网故障定位数学模型,详细阐述了建模基本思想、模型参数确定和编码、基于代数关系描述的开关函数模型构建方法;详细论述了基于代数关系描述的配电网故障定位绝对值数学模型构建方法,基于等价转换思想提出了配电网故障定位的线性整数规划模型。

(2)从理论上分析了配电网故障定位线性整数规划模型的容错性和有效性,并通过典型的配电网进行仿真验证模型在故障定位时的正确性和有效性。

(3)详细阐述了基于整数规划的配电网故障定位数学模型工程技术方案,并进一步论述了配电网故障定位装置的具体实施方式。

参考文献

[1] 杜红卫,孙雅明,刘弘靖,等.基于遗传算法的配电网故障定位和隔离[J].电网技术,
    2000,25(5):52-55.
[2] 卫志农,何桦,郑玉平.配电网故障区间定位的高级遗传算法[J].中国电机工程学报,
    2002,22(4):127-130.
[3] 郭壮志,陈波,刘灿萍,等.基于遗传算法的配电网故障定位[J].电网技术,2007,31
    (11):88-92.
[4] 陈歆技,丁同奎,张钊.蚁群算法在配电网故障定位中的应用[J].电力系统自动化,
    2006,30(5):74-77.
[5] 郭壮志,吴杰康.配电网故障区间定位的仿电磁学算法[J].中国电机工程学报,2010,
    30(13):34-40.
[6] 郑涛,潘玉美,郭昆亚,等.基于免疫算法的配电网故障定位方法研究[J].电力系统继
    电保护与控制,2014,42(1):77-83.
[7] 付家才,陆青松.基于蝙蝠算法的配电网故障区间定位[J].电力系统继电保护与控
    制,2015,43(16):100-105.
[8] 刘蓓,汪沨,陈春,等.和声算法在含 DG 配电网故障定位中的应用[J].电工技术学
    报,2013,28(5):280-286.

第 7 章　配电网馈线故障辨识的
互补优化技术

7.1　引　言

第 6 章所提出的配电网馈线故障辨识的线性整数规划技术表明基于代数关系描述进行配电网馈线故障辨识的可行性,且与基于群体智能优化的配电网馈线故障定位技术相比具有更好的数值稳定性和故障辨识效率,但因其为线性整数规划模型,对其求解时仅采用了线性整数规划中的分支定界法,随着配电网规模的增大,该算法在求解时将出现效率不高的缺陷,更加有效的求解方法需进一步研究。

本章在前述研究基础上,基于代数关系描述进一步提出更加高效的配电网馈线故障辨识方法,其基于故障诊断最小集理论,以单一故障假设为前提,利用最优化理论首次建立非逻辑关系描述的配电网故障定位互补约束新模型,从而将含有 0 - 1 离散变量的故障辨识模型等价映射到连续空间,无需单独对离散变量进行优化决策,提出带有扰动因子辅助惩罚项的互补约束光滑理论和非线性规划结合的故障定位模型优化算法。

7.2　配电网故障区段定位的互补约束模型

7.2.1　建模基本思想

配电网发生故障后,安装在自动化装置处的 FTU 将会检测到故障过电流,并通过远程通信设备将带时标的故障报警信息上传到控制主站。本章仍然采用文献[1] ~ [3]的间接建模方法,其本质上是利用假定故障馈线所造成的电流越限信息逼近 FTU 等自动化设备上传的过电流报警信息。因此,利用馈线支路的故障状态信息作为内生变量,并采用 0 - 1 离散值进行变量编码,数字 0 和 1 分别表示馈线区段运行正常和故障。在此基础上,利用因果关系理论构建 FTU 上传的故障电流越限信息与内生变量间的逼近关系数学模型,以同一馈线故障状态的互斥性为基础进行理论分析,通过增加互补辅助变量,首次建立连续空间上的配电网故障区段定位互补约束模型。

7.2.2　基于代数关系的配电网故障定位逼近关系函数

配电网故障定位间接方法的最终目的是找出发生故障的相应设备,其最能解释所有 FTU 上传的故障电流报警信息,即假定故障造成的所有过电流状态信息与各监控点上传的故障电流越限状态信息之间的差异最小化。因此,合理的故障定位逼近关系函数是间接进行故障准确定位的关键。

故障定位逼近关系函数在构建时:①需采用因果关联分析理论找出与监控点上传故障报警信息直接相关的所有可能故障设备,即因果关联设备;②要符合故障诊断最小集理论,即满足最佳故障设备与上传报警信息具有唯一的对应关系,否则将引起故障错判或漏判。下面将以图 6-1 所示的含 T 型耦合节点的辐射状配电网为例,详细阐述基于代数描述的逼近关系模型构建方法。

当断路器 S_1 的监控点有报警信息上传时,依据网络拓扑连通性和功率流的输送机制可知,可能是馈线 1 ~ 7 发生短路故障引起的,其为造成断路器 S_1 报警信息的因果设备。同理,可得到馈线 2 ~ 7 为分段开关 S_2 报警信息的因果设备,馈线 3 ~ 7 为分段开关 S_3 报警信息的因果设备。分段开关 S_3 后出现 T 型耦合节点,使得馈线 4、5 故障时不会造成分段开关 S_6、S_7 产生报警信息。反之,馈线 6、7 故障时不会造成分段开关 S_4、S_5 产生报警信息。依据功率流流向可分别得到 S_4 ~ S_7 的因果设备。表 7-1 所示为图 6-1 中各自动化开关的因果设备与排序情况,其中 1 ⟼ 2 表示馈线 2 紧邻馈线 1 且功率流由 1 流向 2,依次类推。

表 7-1　因果设备关联信息

自动化开关	因果设备与顺序
断路器 S_1	馈线 1 ⟼ 2 ⟼ 3 ⟼ 4 ⟼ 5 ⟼ 6 ⟼ 7
分段开关 S_2	馈线 2 ⟼ 3 ⟼ 4 ⟼ 5 ⟼ 6 ⟼ 7
分段开关 S_3	馈线 3 ⟼ 4 ⟼ 5 ⟼ 6 ⟼ 7
分段开关 S_4	馈线 4 ⟼ 5
分段开关 S_5	馈线 5
分段开关 S_6	馈线 6 ⟼ 7
分段开关 S_7	馈线 7

依据各自动化开关的因果设备与顺序构建开关函数,且其必须直接反映出因果设备与相应自动化开关报警信息间的因果关联性。若 $I_{S1}(x) \sim I_{S7}(x)$ 分别表示自动化开关 $S_1 \sim S_7$ 的电流越限信息的开关函数,$x(1) \sim x(7)$ 分别为馈线 1~7 的故障运行状态信息,则 $I_{S_1}(x) \sim I_{S_7}(x)$ 代数描述数学模型可表示为

$$I_{S_1}(x) = x(1) + x(2) + x(3) + x(4) + x(5) + x(6) + x(7) \quad (7\text{-}1)$$

$$I_{S_2}(x) = x(2) + x(3) + x(4) + x(5) \quad (7\text{-}2)$$

$$I_{S_3}(x) = x(3) + x(4) + x(5) + x(6) + x(7) \quad (7\text{-}3)$$

$$I_{S_4}(x) = x(4) + x(5) \quad (7\text{-}4)$$

$$I_{S_5}(x) = x(5) \quad (7\text{-}5)$$

$$I_{S_6}(x) = x(6) + x(7) \quad (7\text{-}6)$$

$$I_{S_7}(x) = x(7) \quad (7\text{-}7)$$

式(7-1)~式(7-7)中的"+"符号,一方面表示进行代数相加运算,另一方面蕴含着所有因果设备与监控点上传报警信息的因果联系,揭示了馈线故障状态的协同作用对报警信息的直接作用特性。依据上述开关函数,以单故障假设为前提并避免绝对值运算,基于故障最小集理论即可建立描述因果设备故障态信息与自动化开关电流越限信息 $I_{S_1} \sim I_{S_7}$ 间的关联信息的二次逼近关系函数 $KB_{S_i}(x)$ 为

$$KB_{S_i}(x) = \left[I_{S_i} - I_{S_i}(x) \right]^2 \quad i = 1, 2, \cdots, 7 \quad (7\text{-}8)$$

7.2.3　配电网故障定位的互补约束规划模型

当找到最佳故障设备时,应使所有上传的报警信息与开关函数间总偏差最小,将二次函数值进行累加计算,即利用残差平方和最小化来衡量总体逼近程度,可得到故障区段定位的目标函数 $f(x)$ 为

$$\min f(x) = \sum_{i=1}^{7} KB_{S_i}(x) \quad (7\text{-}9)$$

式(7-9)及馈线状态信息的 0-1 取值限制,构成基于代数关系描述的配电网故障区段定位模型,将其拓展到馈线总数为 N 的配电网,其模型可表示为

$$
\begin{cases}
\min f(x) = \sum_{i=1}^{N} KB_{S_i}(x) \\
x = [x(1), x(2), \cdots x(N)] \\
x(i) = 0/1 \quad i = 1, 2, \cdots, N \\
x \in \mathbf{R}^N
\end{cases}
\quad (7\text{-}10)
$$

式(7-10)为含有 0-1 离散整数变量的非线性规划模型。因离散变量的存在,在求解时将会比较复杂,若将其等价转换到连续空间,则会显著减少故障定位模型的决策复杂性。实际上,馈线的故障信息状态具有互斥性,即同一馈线故障状态 $x(i)$ 取值不能同时为 0 或 1,因此可构建辅助互补约束条件将式(7-10)等价影射为连续空间的故障区段定位模型。

互补约束条件构建思路:增加馈线故障状态 $x(i)$ 的辅助变量 $\kappa(i)$,利用 $x(i)$ 取值只能为 0 或 1 的特点构建线性等式约束条件且保证只有当 $x(i)$ 和 $\kappa(i)$ 取值为 0 或 1 时等式成立。

因 $x(i)$ 和 $\kappa(i)$ 最终取值只能为 0 或 1,故可以将上述 0-1 离散约束等价地转换为以下等式约束条件:

$$x(i) + \kappa(i) = 1 \tag{7-11}$$

$$\mid x(i) - \kappa(i) \mid = 1 \tag{7-12}$$

对式(7-12)两边进行平方运算,可得到以下二次等式约束模型:

$$x(i)^2 + \kappa(i)^2 - 2x(i)\kappa(i) = 1 \tag{7-13}$$

考虑到 $x(i)^2 + \kappa(i)^2 = 1$,由式(7-13)可得出 $x(i)\kappa(i) = 0$,因此式(7-12)的绝对值约束条件被转换为等价的互补约束条件:

$$x(i) \perp \kappa(i) = 0 \tag{7-14}$$

将式(7-11)和式(7-14)作为新的馈线故障状态约束条件融入到式(7-10)中,同时增加 $x(i),\kappa(i) \geqslant 0$ 辅助约束即构成了含有互补约束的故障区段定位新模型:

$$\begin{cases} \min f(\boldsymbol{x}) = \sum_{i=1}^{N} KB_{S_i}(\boldsymbol{x}) \\ \boldsymbol{x} + \boldsymbol{\kappa} = 1, \boldsymbol{x} \perp \boldsymbol{\kappa} = 0 \\ \boldsymbol{x} = [x(1),x(2),\cdots,x(N)], \boldsymbol{\kappa} = [\kappa(1),\kappa(2),\cdots,\kappa(N)] \\ \boldsymbol{x},\boldsymbol{\kappa} \geqslant 0, \boldsymbol{x} \in \mathbf{R}^N, \boldsymbol{\kappa} \in \mathbf{R}^N \end{cases} \tag{7-15}$$

分析式(7-15)可知,互补约束故障区段定位模型中将离散决策空间松弛为连续寻优空间,并通过附加互补约束条件保证最优目标函数值所对应的因变量取值为 0 或 1,从而将含离散变量的故障定位模型等价影射转换到连续非线性优化模型。因此,互补约束模型的求解可完全在连续空间内进行,避免了对离散变量的直接决策,能有效降低定位模型故障决策时的复杂性。

7.2.4 互补约束故障定位模型的容错性分析

配电网自动化系统中 FTU 等自动化设备的运行受到多重因素影响,可能会导致故障报警信息上传缺失或畸变情况,因此配电网故障定位模型有必要具有较高的容错性能,即提高报警信息畸变下的定位准确率。下面将以单一故障为前提,利用图6-1分析所构建的互补约束故障定位模型的高容错性能。

式(7-10)和式(7-15)为模型的等价变换,因此只须对式(7-10)的容错性进行验证。假定馈线5故障,但此时 S_1 的电流越限信息出现畸变,即 I_{S_1} 的值为0。基于式(7-1)~式(7-7)分析,当 $x(5)$ 的值为1时, $[I_{S_5} - I_{S_5}(x)]^2$ 为最小值0;当 $x(4)$ 的值为0时, $[I_{S_4} - I_{S_4}(x)]^2$ 为最小值0。同理,可得到 $[I_{S_6} - I_{S_6}(x)]^2$、$[I_{S_7} - I_{S_7}(x)]^2$ 同时为0时, $x(6)$、$x(7)$ 的值必须为0和1。将上述已知馈线故障状态信息值代入式(7-3),可得到当 $x(3)$ 的值为1时, $[I_{S_3} - I_{S_3}(x)]^2$ 为最小值0;同理,可得当 $x(2)$ 的值为1时, $[I_{S_2} - I_{S_2}(x)]^2$ 为最小值0。将 $x(2)$ ~ $x(7)$ 代入式(7-1)可得到 $x(1)$ 的值为0时, $[I_{S_1} - I_{S_1}(x)]^2$ 为最小值1,从而找到最佳反映上传报警信息的故障区段为馈线5,和预设馈线故障区段一致。

因此,构建的配电网故障定位互补约束模型具有容错性能,能够有效提高电流越限报警信息畸变下故障定位的准确度,其模型的容错性将进一步通过仿真算例验证。

7.3 互补约束故障定位模型的光滑优化算法

互补约束优化问题任何可行点都不满足非线性规划约束规范,利用已有的非线性规划理论不能获得 KKT(Krush Kuhh Tucker,KKT) 条件下的局部最优点,最简单的线性互补约束优化也是一个 NP 难题[4]。相关研究表明:互补约束的可行域结构不光滑特征是导致该类优化问题求解困难的根本原因。目前,基于光滑化的优化算法在互补约束优化模型求解时被广泛应用。本章基于扰动因子的Fischer – Burmeister辅助函数将互补约束故障定位模型光滑化,保证最优值收敛于 B – 稳定点,进而利用二次规划进行决策。

根据文献[7],针对式(7-14)的互补约束条件,基于扰动因子的 Fischer – Burmeister 辅助函数 $\Phi_\varepsilon(x(i), \kappa(i))$ 的数学模型可表示为

$$\Phi_\varepsilon(x(i), \kappa(i)) = x(i) + \kappa(i) - \sqrt{x(i)^2 + \kappa(i)^2 + 2\varepsilon(i)^2}$$

$$(7-16)$$

利用 $\Phi_\varepsilon(x(i), \kappa(i)) = 0$ 作为式(7-14)的替代约束条件,从而将互补约束定位模型光滑化。此时通过对 $\Phi_\varepsilon(x(i), \kappa(i)) = 0$ 进一步深入分析可知,

其实质上等价于:

$$x(i)\kappa(i) = \varepsilon(i)^2 \tag{7-17}$$

只有当 $\varepsilon(i) = 0$ 时,$\Phi_\varepsilon(x(i),\kappa(i)) = 0$ 和式(7-14)才完全等价,因故障定位模型的最优决策要严格满足互补约束条件,所以必须保证故障定位光滑模型的最优解在 $\varepsilon(i) = 0$ 时获得。依据文献[6]给出的光滑化模型的收敛性定理可得出以下结论:当 $\varepsilon(i) \to 0$ 时,则互补约束光滑模型的最优解渐近收敛于二阶必要条件的渐近稳定点。因此,在对故障定位光滑模型构建时,需保证优化过程中 $\varepsilon(i)$ 逐渐收敛于 0。

本章通过将 $\varepsilon(i)$ 融入到目标函数中实现其逐渐收敛于 0,构建的等效目标函数 $F(x,\kappa,\varepsilon)$ 要满足以下条件:

$$\begin{cases} F(x^*,\kappa^*,\varepsilon^*) \leqslant F(x^*,\kappa,\varepsilon) \leqslant F(x,\kappa,\varepsilon) \\ F(x^*,\kappa^*,\varepsilon^*) \leqslant F(x,\kappa^*,\varepsilon) \leqslant F(x,\kappa,\varepsilon) \\ F(x^*,\kappa^*,\varepsilon^*) \leqslant F(x,\kappa,\varepsilon^*) \leqslant F(x,\kappa,\varepsilon) \end{cases} \tag{7-18}$$

式(7-18)中,x^*,κ^*,ε^* 为 B – 稳定点所对应的最优决策,$\varepsilon = [\varepsilon(1), \varepsilon(2),\cdots,\varepsilon(N)]$。

基于上述思路,构建的故障定位光滑化模型的目标函数为

$$\begin{cases} \min F(x,\kappa,\varepsilon) = f(x) + \varphi(\varepsilon) \\ \varphi(\varepsilon) = \sum_{i=1}^{N} \varepsilon(i)^2 \end{cases} \tag{7-19}$$

根据式(7-8)和式(7-9)可知 $f(x) \geqslant 0$,$\varphi(\varepsilon)$ 为非负二次函数,且 $f(x)$ 和 $\varphi(\varepsilon)$ 可同时达到最小值 0,因此式(7-19)满足式(7-18)的条件,即式(7-19)获得最优值时,$\varphi(\varepsilon) = 0$,理论上使得此时与互补约束优化模型具有相同的最优解。当信息畸变时,目标函数 $f(x)$ 最优值将大于 0,为保证 $\varepsilon(i)$ 收敛于 0,增加新的约束条件:

$$f(x)\varphi(\varepsilon) = 0 \tag{7-20}$$

因为同一馈线故障状态信息具有不兼容性,根据式(7-11),可将式(7-16)进一步简化为

$$\Phi_\varepsilon(x(i),\kappa(i)) = 1 - \sqrt{x(i)^2 + \kappa(i)^2 + 2\varepsilon(i)^2} \tag{7-21}$$

综上所述,互补约束故障定位的光滑化模型可表示为

$$\begin{cases} \min F(\boldsymbol{x},\boldsymbol{\kappa},\boldsymbol{\varepsilon}) = f(\boldsymbol{x}) + \varphi(\boldsymbol{\varepsilon}) \\ \varphi(\boldsymbol{\varepsilon}) = \sum_{i=1}^{N} \boldsymbol{\varepsilon}(i)^2 \\ \boldsymbol{x} + \boldsymbol{\kappa} = 1 \\ 1 - \sqrt{\boldsymbol{x}^2 + \boldsymbol{\kappa}^2 + 2\boldsymbol{\varepsilon}^2} = 0 \\ f(\boldsymbol{x})\varphi(\boldsymbol{\varepsilon}) = 0 \\ \boldsymbol{x} = [x(1), x(2), \cdots, x(N)] \\ \boldsymbol{\kappa} = [\kappa(1), \kappa(2), \cdots, \kappa(N)] \\ \boldsymbol{\varepsilon} = [\varepsilon(1), \varepsilon(2), \cdots, \varepsilon(N)] \\ \boldsymbol{x}, \boldsymbol{\kappa} \geq 0 \\ \boldsymbol{x} \in \mathbf{R}^N, \boldsymbol{\varepsilon} \in \mathbf{R}^N \end{cases} \tag{7-22}$$

然后,对式(7-22)可直接利用成熟的非线性规划算法进行优化决策。本章在 AMD E2 – 1800 CPU1.70 GHz 的计算机平台上进行仿真,优化过程直接利用 Matlab2010a 中的非线性规划工具箱实现,采用现代内点理论进行决策计算。

7.4　配电网故障定位互补优化数学模型有效性分析

7.4.1　简单辐射状配电网算例

以图 5-6 所示的简单辐射状配电网为例进行分析:①验证所建互补约束故障定位新模型可有效地实现无信息畸变下馈线故障的准确定位且具有高容错性能;②非线性规划直接求解互补约束故障定位模型的无效性及所构建光滑化故障定位模型的正确合理性。

在无信息畸变情况下,分别对馈线 1~5 单一短路故障的情况进行仿真。决策变量初值全为1,利用现代内点理论分别对互补模型[A,式(7-15)]和光滑模型[B,式(7-21)]优化决策。YF、fit、Cv、FL 分别表示预设故障位置、目标函数值、最大约束违背量和定位出的故障位置。表 7-2 为无信息畸变的故障定位仿真结果。图 7-1 为两类模型目标函数值优化过程。

表 7-2　无信息畸变的故障定位仿真结果

模型	YF	fit	Cv	FL	KKT 值
A	1	1	$6.145\,21 \times 10^{-13}$	—	$4.000\,24 \times 10^{-2}$
B	1	$2.236\,71 \times 10^{-32}$	0	1	$4.470\,79 \times 10^{-8}$
A	2	2	$6.145\,21 \times 10^{-13}$	—	$1.021\,77 \times 10^{-4}$
B	2	$1.137\,12 \times 10^{-32}$	0	2	$4.470\,35 \times 10^{-8}$
A	3	3	$6.145\,21 \times 10^{-13}$	—	$4.489\,07 \times 10^{-5}$
B	3	$4.549\,25 \times 10^{-33}$	0	3	$2.235\,65 \times 10^{-8}$
A	4	4	$6.145\,21 \times 10^{-13}$	—	$1.203\,48 \times 10^{-5}$
B	4	$2.269\,83 \times 10^{-34}$	0	4	0
A	5	5	$6.145\,21 \times 10^{-13}$	—	$8.401\,18 \times 10^{-6}$
B	5	$3.623\,75 \times 10^{-13}$	0	5	$1.065\,01 \times 10^{-6}$

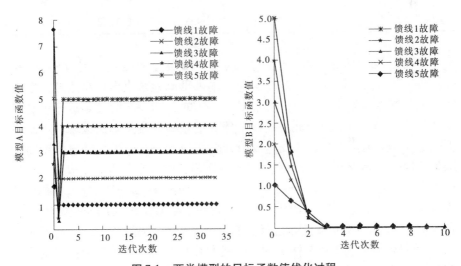

图 7-1　两类模型的目标函数值优化过程

　　由表 7-2 和图 7-1 可以看出,在无信息畸变情况下,配电网互补约束故障定位模型能够准确地辨识出发生短路故障的馈线区段。但是,若采用非线性规划对故障定位模型直接求解,因互补约束模型的不光滑特性,将导致满足 KKT 一阶最优条件下的目标函数值并非最优,从而无法正确定位出馈线的故障位置。仿真表明,采用本章带有扰动因子的光滑模型时,直接利用成熟的非线性规划可准确识别出无信息畸变时的馈线故障区段,表明基于辅助函数的互补约束故障定位模型的光滑优化算法的可行性和有效性,也进一步表明所建互补约束故障定位模型对无信息畸变时故障区段定位的有效性。

为说明本章所建配电网故障定位互补约束模型及其光滑化算法在容错性方面的有效性,以馈线 5 短路故障为例,对具有 1 位和 2 位信息畸变时的情况进行分析,决策变量初值全为 1。表 7-3 为信息畸变下的故障定位仿真结果。

表 7-3 信息畸变下的故障定位仿真结果

模型	fit	Cv	FL	KKT 值	故障状态值	$\varphi(\varepsilon)$ 值
S_1	1	$2.187\ 07 \times 10^{-12}$	5	$1.489\ 76 \times 10^{-8}$	[0 0 0 0 1]	0
S_2	1	$7.776\ 32 \times 10^{-11}$	5	$1.263\ 95 \times 10^{-8}$	[0 0 0 0 1]	0
S_3	1	0	5	$4.440\ 89 \times 10^{-16}$	[0 0 0 0 1]	0
S_4	1	$4.999\ 9 \times 10^{-5}$	3 或 5	1.999 82	[0 0 1 0 0]	0
S_1、S_2	2	$6.115\ 11 \times 10^{-13}$	5	4	[0 0 0 0 1]	0
S_1、S_3	2	0	5	0	[0 0 0 0 1]	0
S_2、S_3	2	1.59×10^{-6}	1 或 5	3.999 96	[1 0 0 0 0]	0

根据表 7-3 中仿真结果,当具有 1 位信息畸变,且畸变位分别为 S_1、S_2、S_3 时,$\varphi(\varepsilon)$ 值为 0,目标函数值为最小值 1,能够准确地辨识出短路故障发生在馈线 5;当畸变位发生在 S_4 时,依据图 7-1 可知 S_4、S_5 相邻,实际运行中有可能是 S_4 或 S_5 发生畸变,因此可能是馈线 3 或馈线 5 发生短路故障。本章中决策变量值仅定位出馈线 3 发生故障,此时,与 S_1、S_2、S_3 发生信息畸变时的 KKT 值比较,其值不为 0,根据此可预测其下游馈线 5 也可能发生故障。当具有 2 位信息畸变,且畸变位分别为 S_1 和 S_2、S_1 和 S_3 时,$\varphi(\varepsilon)$ 值为 0,目标函数值为最小值 2,能够准确地辨识出短路故障发生在馈线 5;当畸变位发生在 S_2 和 S_3 时,依据图 5-6 可知实际运行中有可能是 S_2、S_3 或变 S_4、S_5 同时发生畸变,因此可能是馈线 1 或馈线 5 发生短路故障。本章中决策变量值仅定位出馈线 1 发生故障,此时,与 S_1 和 S_2、S_1 和 S_3 发生信息畸变时的 KKT 值比较,其值不为 0,根据此可预测其下游馈线 5 也可能发生故障。因此,表 7-3 中故障定位结果是正确合理的。

根据文献[7]~[11]的仿真结果,只要相邻畸变信息位总数小于下游非畸变位总数,即可以准确定位出故障区段;但是当相邻畸变信息位总数大于或等于下游非畸变位总数时,因为群体智能算法没有提供 KKT 信息值,将仅能给出一种故障定位结果,可能造成故障区段的错判或漏判。而本章可利用决策变量值和 KKT 条件值是否为 0,判断出所有可能发生故障的区段。

根据上面分析可知,本章所构建的互补约束故障定位模型具有高的容错性,同时,也进一步验证本章所采用的光滑优化算法能有效实现故障定位模型的优化决策和故障辨识时的优越性。

7.4.2　与基于群体智能算法的故障定位方法比较

表 7-4 针对基于逻辑关系描述的配电网故障间接定位方法,根据文献[1]~[3]、[7]~[11] 所提供的算例和仿真结果,从模型、决策方法、算法稳定性、故障辨识准确性几方面进行了总结。

表 7-4　基于逻辑关系的故障定位方法

文献	模型	算例规模	可用算法	文献算法	是否会误判	稳定性
[1]~[3]	逻辑模型	19 节点	群体智能	遗传算法	是	不稳定
[7]	逻辑模型	20 节点	群体智能	蚁群算法	是	不稳定
[8]	逻辑模型	19 节点	群体智能	仿电磁学算法	是	不稳定
[9]	逻辑模型	11 节点	群体智能	免疫算法	是	不稳定
[10]	逻辑模型	28 节点	群体智能	蝙蝠算法	是	不稳定
[11]	逻辑模型	33 节点	群体智能	和声算法	是	不稳定

根据表 7-4 可以看出:

(1)当前的配电网故障定位间接方法主要基于逻辑关系进行建模;

(2)必须利用群体智能算法进行优化决策;

(3)群体智能算法的优化过程稳定性差,存在过早收敛或陷入局部最优的情况,即便对小规模配电网故障定位时也会出现误判和漏判,因此该类方法对大型配电网的馈线故障定位问题适应性差,更容易出现故障区段的错误辨识,难以在大规模配电网中应用。

由 7.2.2、7.2.3 小节可知,本章所建配电网故障定位模型是基于代数关系描述,可避开群体智能算法的应用,能够采用成熟的非线性规划直接进行决策求解。根据 7.4.1 小节仿真结果可知,采用非线性规划对非逻辑故障定位模型决策时,具有稳定性好的优点,不易出现误判,所构建的配电网故障定位互补约束新模型,可准确地找到馈线故障发生区段。

7.4.3　大型配电网故障定位中的应用

将图5-6所示的辐射状配电网简单地拓展为1 000个节点的大型配电网,并分别对预设馈线1、馈线500、馈线1 000故障下无报警信息畸变的情况进行仿真。表7-5为大型配电网故障定位仿真结果。图7-2为大型配电网故障定位优化过程。

表7-5　大型配电网故障定位仿真结果

YF	fit	Cv	FL	KKT 值
1	$4.575\ 73 \times 10^{-2}$	$6.762\ 7 \times 10^{-12}$	1	$2.104\ 9 \times 10^{-3}$
500	$3.658\ 97 \times 10^{-2}$	$2.871\ 21 \times 10^{-9}$	500	$1.198\ 04 \times 10^{-3}$
1 000	$4.575\ 02 \times 10^{-2}$	$6.167\ 87 \times 10^{-11}$	1 000	$7.724\ 75 \times 10^{-4}$

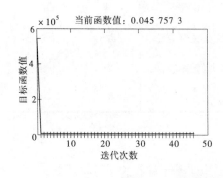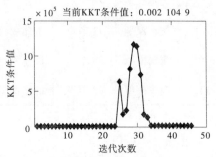

图7-2　大型配电网故障定位优化过程

由表7-5易于看出,本章所提出的基于光滑化算法的配电网故障定位互补约束模型,应用于大规模馈线故障辨识中是有效的,能够准确地定位出其短路故障位置。由图7-2可知,针对1 000个节点的配电网,采用现代内点理论优化决策时,迭代次数不超过50次。对于相同预设故障,通过多次从不同初始迭代点进行仿真,结果表明都可准确地找到馈线故障区段,本算例中优化迭代次数约50次,平均故障定位时间不超过2 min。

7.5 配电网馈线故障辨识的互补优化技术方案

7.5.1 配电网故障定位装置的技术方案

配电网馈线故障辨识的互补优化的技术方案是：一种配电网馈线区域故障容错性自动定位系统，包括状态监控系统、网络拓扑辨识系统、信息处理模块和故障定位模块，状态监控系统、网络拓扑辨识系统均与 FTU 终端相连接，FTU 终端与配电网相连接；状态监控系统分别与网络拓扑辨识系统、信息处理模块相连接，网络拓扑辨识系统与信息处理模块相连接，信息处理模块与故障定位模块相连接。

状态监控系统通过 FTU 终端实现对配电网运行状态信息、自动化开关动作信息的采集和传输，状态监控系统为配电网 SCADA 平台。

网络拓扑辨识系统通过 FTU 终端能动态跟踪配电网拓扑结构的变化，网络拓扑辨识系统为 GIS 平台。

信息处理模块实现对故障电流的辨识、对网络拓扑的简化，信息处理模块为可视化的信息处理平台。

故障定位模块利用代数关系描述和内点法实现对馈线故障区段的定位。

状态监控系统通过通信模块与信息处理模块相连接，信息处理模块通过通信模块与故障定位模块。

通讯模块为无线通信单元或有线通信单元。

与现有技术相比，所述的配电网馈线故障区段辨识技术方案能够直接利用配电网 SCADA 平台和 GIS 平台，可极大地降低故障定位系统的开发建设成本，且因采用内点法和配电网拓扑简化，在进行配电网故障定位时具有快速高效、高容错性、强适应性，适用于大规模配电网在线故障定位，能够有效避免停电范围的扩大，极大地提高了供电的安全可靠性、工程适应性。

7.5.2 配电网故障定位装置的具体实施方式

为了更清楚地说明上述配电网馈线故障区段辨识技术中的技术方案，下面将结合图 7-3 和图 7-4 进行具体实施方式的进一步阐述。

7.5.2.1 实施例 1

如图 7-3 所示，一种配电网馈线区域故障容错性自动定位系统包括状态监控系统 1、网络拓扑辨识系统 2、信息处理模块 3 和故障定位模块 4。状态监控系统1、网络拓扑辨识系统2均与FTU终端6相连接,FTU终端6与配电网5相连接,状态监控系统1分别与网络拓扑辨识系统2、信息处理模块3相连接,网络拓扑辨识系统2与信息处理模块3相连接,信息处理模块3与故障定位模块4相连接。

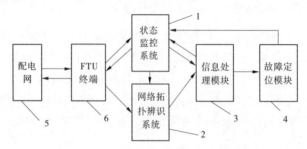

图7-3 配电网馈线故障定位装置实施例1

状态监控系统1通过FTU终端6实现对配电网运行状态信息、自动化开关动作信息的采集和数据传输,以及与网络拓扑辨识系统2、信息处理模块3间的协调与控制。状态监控系统1通过通信模块与信息处理模块3相连接,信息处理模块3通过通信模块与故障定位模块4相连接。通信模块为无线通信单元或有线通信单元。状态信息监控系统1实时基于FTU终端6监视配电网电流状态信息、自动化开关的动作信息,并可通过有线/无线通信模式将配电网电流状态信息实时送至信息处理模块3,将自动化开关的动作信息以有线/无线通信模式送至网络拓扑辨识系统2。

网络拓扑辨识系统2通过FTU终端6能动态跟踪配电网拓扑结构的变化,以及实现与状态监控系统1、信息处理模块3间的交互式协调。网络拓扑辨识系统2根据状态监控系统1监测的自动化开关信息动态生成网络拓扑并对其进行存储,且将其送至信息处理模块3。

信息处理模块3实现对故障电流的辨识、对网络拓扑的简化,以及与状态监控系统1、网络拓扑辨识系统2间的交互式协调。基于比较原理,信息处理模块3找出故障电流越限信息的位置,生成具有二进制编码的故障电流越限信息,基于独立配电区域和电流越限信息故障定位模块4能够快速高效地实现对馈线故障区段的辨识,并具有强的自适应性、可靠性和高容错性,可与信息处理模块3间交互式协调。故障定位模块4,利用逼近关系理论实现高容错性,基于代数关系的非线性最优化方法实现馈线故障的定位。

7.5.2.2 实施例2

如图7-4所示,一种配电网馈线区域故障容错性自动定位系统包括状态监控系统网络拓扑辨识系统、信息处理模块和故障定位模块。状态监控系统、网络拓扑辨识系统均与 FTU 终端相连接,FTU 终端与配电网相连接,状态监控系统与信息处理模块相连接,网络拓扑辨识系统与信息处理模块相连接,信息处理模块与故障定位模块相连接。

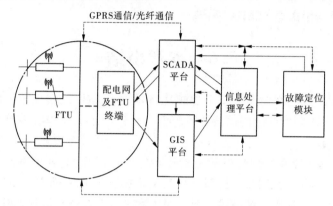

图 7-4 配电网馈线故障定位装置实施例 2

状态监控系统为 GIS 平台,网络拓扑辨识系统为 GIS 平台,信息处理模块为可视化的信息处理平台。故障辨识模块利用代数关系描述和内点法实现对馈线故障区段的定位。

SCADA 平台通过 GPRS 通信或光纤通信采集配电网的电流状态信息、自动化开关的动作信息、线路或设备的编号信息,并通过 GPRS 通信或光纤通信将电流状态信息送至基于可视化的信息处理平台。当存在自动化开关动作信息时,将开关动作信息送至 GIS 平台。

SCADA 平台通过 GPRS 通信或光纤通信采集到故障定位模块的定位结果后,通过 GPRS 通信或光纤通信向配电网的自动化开关信息发送动作指令,隔离相应故障。

GIS 平台通过 GPRS 通信或光纤通信采集配电网的初始拓扑的位置、电源点与电气连接信息,当 GIS 平台通过 GPRS 通信或光纤通信采集到 SCADA 平台采集的自动化开关动作信息时,动态形成配电网的新拓扑信息,并将其通过 GPRS 通信或光纤通信送至可视化的信息处理平台。

基于可视化的信息处理平台接收到电流状态信息中的越限信息时,辨识出故障电流越限信号位置。可视化的信息处理平台以进线断路器(电源点)为标志划分独立配电区域。可视化的信息处理平台利用有电流越限信息的独立配电区域存在故障的思想,舍弃非故障独立配电区域以实现网络拓扑简化;

将简化后的拓扑和电流越限信息利用 GPRS 通信或光纤通信送至故障定位模块。

故障定位模块基于逼近关系描述和最优化建模原理,建立优化目标最小化的故障定位模型并采用内点法实现故障定位,将故障定位结果利用 GPRS 通信或光纤通信送至 SCADA 平台。

7.6 本章小结

针对智能配电网背景下基于智能化终端设备 FTU 的馈线故障的在线故障定位问题,围绕着配电网馈线故障辨识的互补优化技术,本章主要做了以下工作:

(1)针对基于互补优化的配电网故障定位数学模型,详细阐述了建模基本思想、模型参数确定和编码、基于代数关系描述的开关函数模型构建方法;详细论述了基于代数关系描述的配电网故障定位非线性整数规划数学模型构建方法,在此基础上基于互补约束等价转换思想提出配电网故障定位的互补优化模型。

(2)从理论上分析了配电网故障定位互补优化模型的容错性和有效性,并通过典型的配电网进行仿真验证模型在故障定位时的正确性和有效性。

(3)详细阐述了基于互补优化的配电网故障定位数学模型工程技术方案,并进一步论述了配电网故障定位装置的具体实施方式。

参考文献

[1] 杜红卫,孙雅明,刘弘靖,等. 基于遗传算法的配电网故障定位和隔离[J]. 电网技术,2000,25(5):52-55.

[2] 卫志农,何桦,郑玉平. 配电网故障区间定位的高级遗传算法[J]. 中国电机工程学报,2002,22(4):127-130.

[3] 郭壮志,陈波,刘灿萍,等. 基于遗传算法的配电网故障定位[J]. 电网技术,2007,31(11):88-92.

[4] Luo Z Q, pang J S, Ralph D. Mathematical programs with Equilibrium Contraints[M]. Cambrige:Cambrige University press, 1996.

[5] Ferris M C, Pang J S. Engineering and economic applications of complementarity problems[J]. SIAM Review,1997,39(4):669-713.

[6] Yin H X, Zhang J Z. Global convergence of a smooth approximation method for mathematical

with complementarity constraints [J]. Mathematical Methods of Operations Research, 2006, 64:255-269.

[7] 陈歆技,丁同奎,张钊. 蚁群算法在配电网故障定位中的应用[J]. 电力系统自动化, 2006,30(5):74-77.

[8] 郭壮志,吴杰康. 配电网故障区间定位的仿电磁学算法[J]. 中国电机工程学报,2010, 30(13):34-40.

[9] 郑涛,潘玉美,郭昆亚,等. 基于免疫算法的配电网故障定位方法研究[J]. 电力系统继电保护与控制,2014,42(1):77-83.

[10] 付家才,陆青松. 基于蝙蝠算法的配电网故障区间定位[J]. 电力系统继电保护与控制,2015,43(16):100-105.

[11] 刘蓓,汪沨,陈春,等. 和声算法在含 DG 配电网故障定位中的应用[J]. 电工技术学报,2013,28(5):280-286.

第8章 配电网馈线故障辨识的辅助因子技术

8.1 引 言

第7章基于代数关系理论提出了无须直接对离散变量进行决策、故障辨识效率更高且可直接利用非线性规划算法——内点法进行馈线故障区段辨识的互补优化技术,但因所建互补优化模型不够完善,还存在以下几点不足:

(1)仅能够应用于馈线单一故障区段辨识,当发生馈线多重故障时将出现误判现象;

(2)当其馈线故障信息畸变,辨识存在缺陷的智能化终端设备 FTU 位置条件复杂,并且当发生多重馈线区段故障时判定准则失效;

(3)互补优化的光滑化算法还存在数值稳定性问题,初始点的选择影响到馈线故障区段的误判现象。

因此,本章将在第7章基础上,进一步对基于代数关系理论的馈线区段故障辨识方法进行研究,以单一故障假设为前提,首先建立无畸变故障电流信息情况下配电网故障区段定位的线性方程组模型,在此基础上,利用互补约束条件、光滑互补函数和最优化极值理论,构建了电流信息畸变情况下故障辅助因子数学模型,进而建立具有高容错性特征的非线性方程组描述的配电网故障定位新模型,并采用牛顿-拉夫逊法进行求解,具有 2 阶收敛特性,能够有效实现多重馈线短路故障区段的辨识。

8.2 无信息畸变时的故障定位线性方程组模型

8.2.1 故障报警信息与设备状态编码方法

在正常运行时,配电系统无电流越限情况;配电网发生故障时,监控节点处 FTU 等自动化设备将会检测到短路故障过电流,并通过远程通信设备将带时标的故障报警信息上传到控制主站。可以看出,无须知道过电流的具体量值,只要依据 FTU 等是否监测到过电流即可判定配电网是否发生短路故障。因此,可采用故障和正常两种状态来描述故障报警信息情况,本章采用 0 表示无故障报警信息,采用 1 表示控制主站收到时标报警信息。

本章仍然采用文献[1]~[8]的间接建模方法,其本质上是利用假定馈线故障所造成的电流越限信息逼近时标过电流报警信息。因此,可利用正常和故障来表示馈线所在区段是否发生故障,本章以馈线支路的故障状态信息作为内生变量,并采用 0 - 1 离散值进行变量编码,数字 0 表示馈线区段运行正常,数字 1 表示馈线区段发生故障。

8.2.2 配电网故障区段定位的线性方程组模型

首先采用因果关联分析理论找出与监控点上传故障报警信息直接相关的所有可能故障设备,即因果关联设备;然后基于单一馈线故障假设和故障诊断最小集理论建立开关函数代数关系模型。$\mathbf{\Omega}_i$ 为自动化开关 i 的因果设备集,$K_{\mathbf{\Omega}_i}$ 为 $\mathbf{\Omega}_i$ 中因果设备数。依据第 7 章开关模型的构建方法,当具有 N 个自动化监控终端时,基于代数关系描述的开关函数数学模型可表示为

$$
\begin{cases}
I_{S_i}(x) = \displaystyle\sum_{k=1}^{K_{\mathbf{\Omega}_i}} x(k) \\
i = 1, 2, \cdots, N; x \in \mathbf{\Omega}
\end{cases}
\tag{8-1}
$$

配电网故障定位间接方法的最终目的是找出相应发生故障的设备,其最能解释所有上传的故障电流报警信息。因此,建立数学模型合理有效地描述馈线运行状态与时标过电流报警信息间的耦合关联关系则成为定位故障馈线的关键。在数值分析中,采用样本点残差平方和衡量样本值和理想值间的一致逼近程度,其优点在于可对称考虑正负偏差。因此,本章采用残差平方和来衡量开关函数和上传报警信息间的逼近程度。$I_{S_i}^*$ 为自动化开关 i 上传的报警信息,其逼近数学模型可表示为

$$
f(x) = \min \sum_{i=1}^{N} \delta_i^2 = \min \sum_{i=1}^{N} \left[I_{S_i}(x) - I_{S_i}^* \right]^2
\tag{8-2}
$$

在无报警信息畸变情况下,当找到最佳故障设备时,应使所有上传的报警信息与开关函数间的总偏差为 0,即 $f(x)$ 的值为 0,否则将会导致馈线故障区段的错误辨识。由式(8-2)可知,只有当所有 δ_i 的值为 0 时,$f(x)$ 的值才为 0。在无信息畸变情况下,准确定位出故障馈线时,以下等式关系必然满足:

$$
\delta_i = I_{S_i}(x) - I_{S_i}^* = 0
\tag{8-3}
$$

根据式(8-3)可辨识无信息畸变时的馈线故障区段。无信息畸变时的故

障区段定位的线性方程组模型可表示为

$$\begin{cases} \boldsymbol{A}x = \boldsymbol{I}_S^* \\ \boldsymbol{A} \in \mathbf{R}^{N \times N}; a_{i,j} = 0/1 \in \boldsymbol{A} \\ \boldsymbol{x} = \begin{bmatrix} x(1) & x(2) & \cdots & x(N) \end{bmatrix}^T \\ \boldsymbol{I}_S^* = \begin{bmatrix} I_{S_1}^* & I_{S_2}^* & \cdots & I_{S_N}^* \end{bmatrix}^T \\ i = 1,2,\cdots,N; j = 1,2,\cdots,N \end{cases} \quad (8\text{-}4)$$

8.2.3 故障定位线性方程组模型的适应能力分析

式(8-4)所建故障定位线性方程组新模型,能正确辨识馈线故障区段需满足以下条件:

(1)方程组的解必须存在且具有唯一性;

(2)方程组解集中自变量值只能为 0 或 1;

(3)数值 1 所对应的故障馈线应和预设故障具有一一对应关系。

下面以图5-6所示的配电网为例分析新故障定位模型的适应性。

在无信息畸变情况下,假定馈线 5 发生故障,则故障定位线性方程组中:

$$\boldsymbol{I}_S^* = \begin{bmatrix} 1 & 1 & 1 & 1 & 1 \end{bmatrix}^T \quad (8\text{-}5)$$

$$\boldsymbol{A} = \begin{bmatrix} 1 & 1 & 1 & 1 & 1 \\ 0 & 1 & 1 & 1 & 1 \\ 0 & 0 & 1 & 1 & 1 \\ 0 & 0 & 0 & 1 & 1 \\ 0 & 0 & 0 & 0 & 1 \end{bmatrix} \quad (8\text{-}6)$$

利用线性代数行初等变换可得到矩阵 $\boldsymbol{A}$ 的秩 $R(\boldsymbol{A})$ 和增广矩阵 $(\boldsymbol{A} \mid \boldsymbol{I}_S^*)$ 的秩 $R(\boldsymbol{A} \mid \boldsymbol{I}_S^*)$ 相等且等于变量的个数。根据线性方程组解的唯一性存在定理可知[9],馈线 5 故障时配电网故障区段定位线性方程组模型具有唯一解。系数矩阵 $\boldsymbol{A}$ 是上三角矩阵,利用数值计算方法中线性方程组求解的前推回代算法易于得到故障定位线性方程组的解为

$$x = \begin{bmatrix} 0 & 0 & 0 & 0 & 1 \end{bmatrix}^T \quad (8\text{-}7)$$

由式(8-7)可知,满足自变量的值只能为 0 或 1,且依据 1.2 节的编码方法可辨识出馈线 5 发生短路,与预设故障一致。同理,可验证预设故障在馈线 1~4 时能够准确定位出馈线故障区段。因此,在无信息畸变情况下,所建故障定位线性方程组模型对于短路故障辨识具有强的适应性,能够精确地定位出故障所发生的区段。

配电网自动化设备的运行环境比较恶劣,监控终端容易出现故障报警信息上传缺失或畸变情况。预设馈线 5 发生短路故障,若 $I_S^* = \begin{bmatrix} 1 & 0 & 1 & 1 & 1 \end{bmatrix}^T$,即 S_2 的电流越限信息出现畸变,此时系数矩阵 A 仍然为式(8-6)。按照无信息畸变时的分析方法,此时配电网故障区段定位线性方程组模型具有唯一解,其方程组的解为

$$x = \begin{bmatrix} 1 & -1 & 0 & 0 & 1 \end{bmatrix}^T \tag{8-8}$$

从式(8-8)可看出,依据编码方法将会判定出馈线 1 和 5 发生故障,出现了误判情况。同理,可分析其他畸变情况下也难于准确定位出短路故障馈线。因此,可看出所建的故障定位线性方程组模型缺乏对信息畸变时的适应性,必须在此基础上构建具有容错性能的故障定位模型。

8.3　基于辅助因子的故障定位容错性方程组模型

根据式(8-8)可以看出,在信息畸变情况下已经不能保证方程组解的取值为 0 或 1,从而导致误判。本部分将建立具有容错性能的故障定位非线性方程组模型,建模的基本思路为:首先,对自变量的取值进行约束,即融入 0-1离散约束条件;其次,建立偏差平方和最小的互补约束优化模型;再次,利用光滑优化辅助函数构建残差平方和最小的连续空间非线性规划模型;最后,基于KKT 条件构建容错故障定位模型的容错因子,建立高容错性配电网故障辨识的非线性方程组模型。

依据 8.2 节理论分析和馈线状态约束限制,构建的残差平方和最小优化模型为

$$\begin{cases} f(x) = \min \sum_{i=1}^{N} \left[I_{S_i}(x) - I_{S_i}^* \right]^2 \\ x = \begin{bmatrix} x(1) & x(2) & \cdots & x(N) \end{bmatrix}, x \in \{0,1\} \end{cases} \tag{8-9}$$

实际上,馈线的故障信息状态具有互斥性,即同一馈线故障状态 $x(i)$ 取值不能同时为 0 或 1,因此可构建辅助互补约束条件将式(8-9)等价影射为连续空间的残差平方和最小优化模型,其馈线状态离散约束的互补模型为

$$x \perp (1 - x) = 0 \tag{8-10}$$

由式(8-10)可看出,在优化过程中无须要求自变量的离散性,在获得最优解时都可保证最终的决策变量值为 0 或 1。连续空间的残差平方和最小的互补约束优化模型可表示为

$$\begin{cases} f(x) = \min \sum_{i=1}^{N} \left[I_{S_i}(x) - I_{S_i}^* \right]^2 \\ x \perp (1-x) = 0 \end{cases} \quad (8\text{-}11)$$

简单线性互补约束优化也是一 NP 难问题,互补光滑函数可等价代替互补约束条件,使其可等价转化为一般非线性规划问题,不仅可使可行点满足非线性约束规格,而且便于利用原优化问题获得最优值时的等效 KKT 必要条件。本章将利用互补光滑函数优化模型的 KKT 条件构建故障辅助因子。

常用的互补函数为 Fischer – Burmeister 函数,即 $\Phi_{FB}(a,b) = a + b - \sqrt{a^2 + b^2}$,其具有扰动因子的互补光滑函数的数学模型通常为

$$\Phi_{FB}(\mu,a,b) = a + b - \sqrt{a^2 + b^2 + 4\mu^2} \quad (\mu,a,b) \in \mathbf{R}^3 \quad (8\text{-}12)$$

根据文献[9]定理,当 $\mu \to 0$ 时,式(8-12)等价于:

$$a \geq 0, b \geq 0, ab = 0 \quad (8\text{-}13)$$

利用 $\Phi_{FB}(\mu,a,b) = 0$ 作为式(8-11)的替代约束条件,从而将互补约束定位模型光滑化,式(8-11)转化为

$$\begin{cases} f(X) = \min \sum_{i=1}^{N} \delta_i^2 = \min \sum_{i=1}^{N} \left[I_{S_i}(x) - I_{S_i}^* \right]^2 \\ \Phi_{FB}(\mu,x,1-x) = 1 - \sqrt{x^2 + (1-x)^2 + 4\mu^2} = 0 \end{cases} \quad (8\text{-}14)$$

依据文献[10]给出的光滑优化模型收敛定理可得出结论:当 $\mu \to 0$ 时,则互补约束光滑模型最优解渐近收敛于二阶必要条件的渐近稳定点。因此,可构造拉格朗日函数确定 KKT 条件,将优化问题(8-14)等价地转化为带有非负参数 μ 的光滑方程组,其数学模型为

$$\begin{cases} 2\left[I_{S_i}(x) - I_{S_i}^* \right] \dfrac{\partial I_{S_i}(x)}{\partial x(i)} - \dfrac{\left[1 - 2x(i) \right]\lambda_i}{\sqrt{x(i)^2 + \left[1 - x(i) \right]^2 + 4\mu^2}} = 0 \\ 1 - \sqrt{x(i)^2 + \left[1 - x(i) \right]^2 + 4\mu^2} = 0 \\ \mu = 0 \\ i = 1,2,\cdots,N \end{cases} \quad (8\text{-}15)$$

令:

$$\nabla_X L(x,\lambda,\mu) = 2\left[I_S(x) - I_S^* \right] \dfrac{\partial I_S(x)}{\partial x} - \dfrac{(1-2x)\lambda}{\sqrt{x^2 + (1-x)^2 + 4\mu^2}}$$

$$(8\text{-}16)$$

c 为加速因子,依据文献[11]的光滑重构方法,通过加入正则因子 μ 来改善算法的全局收敛性和数值计算效果,可得到式(8-15)的光滑重构方程组

$H(Z)$ 为

$$H(Z) = \begin{bmatrix} \nabla_X L(x, \lambda, \mu) \\ \Phi_{FB}(\mu, x, 1-x) \\ \mu \end{bmatrix} + c\mu \begin{bmatrix} x \\ \lambda \\ 0 \end{bmatrix} \tag{8-17}$$

根据式(8-9)中目标函数的二次形式及无信息畸变下故障定位线性方程组的数学模型式(8-4)可将式(8-17)的数学模型写成以下标准型:

$$H(x, \lambda, \mu) = \begin{bmatrix} A & 0 & 0 \\ 0 & 0 & 0 \\ 0 & 0 & 0 \end{bmatrix} \begin{bmatrix} x \\ \lambda \\ \mu \end{bmatrix} + \begin{bmatrix} I_S^* + c\mu x \\ \Phi_{FB}(\mu, x, 1-x) + c\mu\lambda \\ \mu \end{bmatrix} \tag{8-18}$$

式(8-18)的值等于0,即为信息畸变下配电网故障定位的非线性方程组模型:

$$H(x, \lambda, \mu) = 0 \tag{8-19}$$

与式(8-4)相比增加了3部分,其中 μ 与 $\Phi_{FB}(\mu, x, 1-x) + c\mu\lambda$ 是为了保证式(8-10)在找到方程组解集时离散约束条件成立,而 $c\mu x$ 是为了提高报警信息畸变情况下故障定位模型的容错性能,本章定义为故障辅助因子。

8.4 配电网故障定位非线性方程组的求解

式(8-19)是最高次为2次的非线性方程组,本章采用牛顿－拉夫逊法进行求解,具体算法和迭代求解数学模型的推导原理可参阅数值计算方法教材[12]。牛顿－拉夫逊法用于故障定位模型迭代求解的数学模型可表示为

$$\begin{bmatrix} H_1(x^{(k)}, \lambda^{(k)}, \mu^{(k)}) \\ H_2(x^{(k)}, \lambda^{(k)}, \mu^{(k)}) \\ \vdots \\ H_{2N+1}(x^{(k)}, \lambda^{(k)}, \mu^{(k)}) \end{bmatrix} = - \begin{bmatrix} \nabla_x H_1 & \nabla_\lambda H_1 & \nabla_\mu H_1 \\ \nabla_x H_2 & \nabla_\lambda H_2 & \nabla_\mu H_2 \\ \vdots & \vdots & \vdots \\ \nabla_x H_{2N+1} & \nabla_\lambda H_{2N+1} & \nabla_\mu H_{2N+1} \end{bmatrix} \begin{bmatrix} \Delta X^{(k)} \\ \Delta \lambda^{(k)} \\ \Delta \mu^{(k)} \end{bmatrix}$$

$$\tag{8-20}$$

$$\begin{bmatrix} x^{(k+1)} \\ \lambda^{(k+1)} \\ \mu^{(k+1)} \end{bmatrix} = \begin{bmatrix} x^{(k)} \\ \lambda^{(k)} \\ \mu^{(k)} \end{bmatrix} + \begin{bmatrix} \Delta x^{(k)} \\ \Delta \lambda^{(k)} \\ \Delta \mu^{(k)} \end{bmatrix} \tag{8-21}$$

故障定位的基本步骤如下:

步骤1:选取 $c \in (0, 5, 2)$, $(x^{(0)}, \lambda^{(0)}, \mu^{(0)}) = 1$。

步骤2:判断 $\| H(x^{(k)}, \lambda^{(k)}, \mu^{(k)}) \|_2$ 的值,若其值为0,算法终止,否则转

入步骤3。

步骤3:利用式(8-20)计算$[\Delta x^{(k)}, \Delta\lambda^{(k)}, \Delta\mu^{(k)}]^{\mathrm{T}}$。

步骤4:利用式(8-21)计算$[x^{(k+1)}, \lambda^{(k+1)}, \mu^{(k+1)}]^{\mathrm{T}}$,并计算$\| H(x^{(k)},$ $\lambda^{(k)}, \mu^{(k)})\|_2$的值,转到步骤2。

因故障定位模型$H(x, \lambda, \mu) = 0$的自变量最高次数为2,(x^*, λ^*, μ^*)为其不动点,依据牛顿–拉夫逊法的迭代公式和收敛阶的定义,可证明此时算法具有2阶收敛特性。详细证明过程可参阅文献[12]。

8.5 配电网故障定位辅助因子模型有效性分析

8.5.1 简单辐射型配电网算例

以图5-6所示的简单辐射型配电网为例进行仿真。根据8.2节理论分析部分可知,在无信息畸变时线性方程组模型可准确辨识出馈线短路区段。因此,只验证在无信息畸变和有信息畸变情况下基于辅助因子的配电网故障定位非线性方程组模型的有效性。

在无信息畸变情况下,分别对馈线1~5单一短路故障的情况进行仿真。自变量初值全为1,加速因子c的初始化值为1.5,算法终止条件$\Delta\| H(x^{(k)},$ $\lambda^{(k)}, \mu^{(k)})\|_2$的值小于$1\times10^{-6}$,最大迭代次数为100,只要满足上述其中一个条件,算法终止。表8-1为无信息畸变的故障定位仿真结果。

表8-1　无信息畸变的故障定位仿真结果

预设故障	x(1)	x(2)	x(3)	x(4)	x(5)	λ(1)	λ(2)	λ(3)	λ(4)	λ(5)	μ	KKT值	故障区段	迭代次数
馈线1	1	0	0	0	0	0	0	0	0	0	0	$6.585\,85\times10^{-4}$	馈线1	11
馈线2	0	0	0	0	0	0	0	0	0	0	0	$3.658\,64\times10^{-8}$	馈线2	12
馈线3	0	0	1	0	0	0	0	0	0	0	0	$3.935\,63\times10^{-12}$	馈线3	9
馈线4	0	0	0	1	0	0	0	0	0	0	0	$1.992\,75\times10^{-8}$	馈线4	8
馈线5	0	0	0	0	1	0	0	0	0	0	0	$4.278\,34\times10^{-9}$	馈线5	8

根据表8-1可以看出,在无报警信息畸变情况下,基于辅助因子的配电网故障定位非线性方程组模型可准确地辨识出馈线故障区段。此时,拉格朗日

乘子向量 λ 为零向量,正则因子 μ 的值等于 0,与式(8-4)对比可知,非线性方程组模型等价于无信息畸变下的故障定位线性方程组模型。因此,其可准确地定位出馈线的故障区段。观察定位出故障区段时算法 KKT 值,易于看出其满足式(8-14)目标函数获得极值时的 KKT 条件。另外,在 5 种预设故障下,找到故障区段时算法的迭代次数不超过 12 次,表明算法搜索效率高。

在有电流报警越限信息畸变情况下,分别针对具有 1～3 位信息畸变的情况进行仿真,参数初始化值和算法终止条件与无信息畸变情况时相同。表 8-2 为信息畸变情况下的故障定位仿真结果。

表 8-2　信息畸变情况下的故障定位仿真结果

预设故障	畸变位	$x(1)$	$x(2)$	$x(3)$	$x(4)$	$x(5)$	$\lambda(1)$	$\lambda(2)$	$\lambda(3)$	$\lambda(4)$	$\lambda(5)$	μ	KKT 值	故障区段	迭代次数
馈线2	S_1	0	1	0	0	0	2	0	0	0	0	0	$5.393\,36 \times 10^{-9}$	馈线2	9
馈线3	S_1	0	0	1	0	0	2	0	0	0	0	0	$7.203\,13 \times 10^{-13}$	馈线3	11
馈线3	S_2	0	0	1	0	0	0	2	0	0	0	0	$3.110\,71 \times 10^{-10}$	馈线3	12
馈线4	S_1	0	0	0	1	0	2	0	0	0	0	0	$8.722\,04 \times 10^{-10}$	馈线4	9
馈线4	S_2	0	0	0	1	0	0	2	0	0	0	0	$3.645\,26 \times 10^{-13}$	馈线4	13
馈线4	S_3	0	0	0	1	0	0	0	2	0	0	0	$1.341\,54 \times 10^{-9}$	馈线4	12
馈线4	S_1、S_2	0	0	0	1	0	2	2	0	0	0	0	$6.426\,22 \times 10^{-7}$	馈线4	11
馈线4	S_1、S_3	0	0	0	1	0	2	0	2	0	0	0	$8.862\,88 \times 10^{-9}$	馈线4	11
馈线5	S_1	0	0	0	0	1	2	0	0	0	0	0	$6.820\,37 \times 10^{-11}$	馈线5	9
馈线5	S_2	0	0	0	0	1	0	2	0	0	0	0	$5.645\,64 \times 10^{-8}$	馈线5	10
馈线5	S_3	0	0	0	0	1	0	0	2	0	0	0	$7.307\,39 \times 10^{-11}$	馈线5	11
馈线5	S_1、S_2	0	0	0	0	1	2	2	0	0	0	0	$1.636\,05 \times 10^{-10}$	馈线5	9
馈线5	S_1、S_3	0	0	0	0	1	2	0	2	0	0	0	$3.361\,03 \times 10^{-10}$	馈线5	11
馈线5	S_1、S_4	0	0	0	0	1	2	0	0	2	0	0	$7.691\,48 \times 10^{-10}$	馈线5	11
馈线5	S_2、S_3	0	0	0	0	1	0	2	2	0	0	0	$5.714\,63 \times 10^{-11}$	馈线5	11
馈线5	S_2、S_4	0	0	0	0	1	0	2	0	2	0	0	$9.914\,87 \times 10^{-11}$	馈线5	11
馈线5	S_3、S_4	0	0	0	0	1	0	0	2	2	0	0	$3.864\,91 \times 10^{-9}$	馈线5	11
馈线5	S_1、S_2、S_3	0	0	0	0	1	2	2	2	0	0	0	$7.083\,29 \times 10^{-9}$	馈线5	8
馈线5	S_1、S_2、S_4	0	0	0	0	1	2	2	0	2	0	0	$4.280\,03 \times 10^{-10}$	馈线5	11

根据表 8-2 可以看出,在有 1~3 位电流越限报警信息畸变情况下,基于辅助因子的配电网故障定位非线性方程组模型同样可准确地辨识出馈线故障区段。此时,正则因子 μ 的值等于 0,但拉格朗日乘子向量 λ 不再为零向量。对 λ 向量观察易知,在简单辐射型配电网中,其非 0 元素刚好对应畸变位,其物理意义在于为保证信息畸变情况下自变量离散取值时等式成立而通过辅助因子进行的动态调整,同时可对报警信息畸变位置进行准确辨识,也为监测装置的维护和检查提供了依据。

观察定位出故障区段时算法的 KKT 值,易于看出其满足式(8-14)目标函数获得极值时的 KKT 条件。另外,在 5 种预设故障下,找到故障区段时算法的迭代次数不超过 12 次,表明算法搜索效率高。同时与无信息畸变情况下的算法迭代次数相比基本保持不变,显示算法具有很好的稳定性。

8.5.2　具有 T 型耦合节点配电网算例

为进一步验证基于辅助因子配电网故障定位非线性方程组模型的合理性与有效性,对图 6-1 所示的具有 T 型耦合节点的配电网进行仿真。

无信息畸变情况下,分别对馈线 1~7 单一短路故障和双重故障的情况进行仿真,参数初始化值和算法终止条件与 8.3 节相同。

根据表 8-3 可以看出,在无报警信息畸变情况下,针对含 T 型耦合节点的配电网,基于辅助因子故障定位非线性方程组模型可准确地辨识出馈线故障区段,且可以实现双重故障的准确定位。此时,正则因子 μ 的值等于 0。在单一故障下,非线性方程组模型等价于无信息畸变下的故障定位线性方程组模型式(8-4)。但式(8-4)在多重故障下将会误判故障馈线位置,而非线性方程组模型因加入辅助因子,能实现对多重故障的准确辨识,其是与式(8-4)相比在无信息畸变情况下的显著优点。观察定位出故障区段时算法的 KKT 值,易于看出其满足式(8-4)目标函数获得极值时的 KKT 条件。另外,在 5 种预设故障下,找到故障区段时算法的迭代次数不超过 10 次,表明算法搜索效率高。

表 8-4 为有电流越限报警信息下部分典型故障情况的仿真结果。根据表 8-4 可以看出,在有 1~3 位电流越限报警信息畸变情况下,基于辅助因子的配电网故障定位非线性方程组模型同样可准确地辨识出含 T 型耦合节点配电网的单一和多重馈线故障区段。此时,正则因子 μ 的值等于 0,但拉格朗日乘子向量 λ 不再为零向量。对 λ 向量观察易知,单一故障下其非 0 元素刚好对应畸变位,但在双重故障下,λ 的非 0 元素已无上述含义,其物理意义在于为保证信息畸变情况下自变量离散取值时等式成立而通过辅助因子进行的动态调整。

表 8-3　无信息畸变的故障定位仿真结果

预设故障	$x(1)$	$x(2)$	$x(3)$	$x(4)$	$x(5)$	$x(6)$	$x(7)$	$\lambda(1)$	$\lambda(2)$	$\lambda(3)$	$\lambda(4)$	$\lambda(5)$	$\lambda(6)$	$\lambda(7)$	μ	KKT 值	故障区段	迭代次数
馈线1	1	0	0	0	0	0	0	0	0	0	0	0	0	0	0	$1.326\,43\times10^{-10}$	馈线1	9
馈线2	0	1	0	0	0	0	0	0	0	0	0	0	0	0	0	$3.909\,75\times10^{-9}$	馈线2	9
馈线3	0	0	1	0	0	0	0	0	0	0	0	0	0	0	0	$3.004\,49\times10^{-12}$	馈线3	9
馈线4	0	0	0	1	0	0	0	0	0	0	0	0	0	0	0	$6.601\,95\times10^{-11}$	馈线4	8
馈线5	0	0	0	0	1	0	0	0	0	0	0	0	0	0	0	$4.637\,43\times10^{-9}$	馈线5	8
馈线6	0	0	0	0	0	1	0	0	0	0	0	0	0	0	0	$6.601\,9\times10^{-11}$	馈线5	8
馈线7	0	0	0	0	0	0	1	0	0	0	0	0	0	0	0	$4.637\,43\times10^{-9}$	馈线5	8
馈线5、6	0	0	0	0	1	1	0	2	2	2	0	0	0	0	0	$2.999\,84\times10^{-7}$	馈线5、6	8
馈线5、7	0	0	0	0	1	0	1	2	2	2	0	0	0	0	0	$1.061\,68\times10^{-9}$	馈线5、7	8

表 8-4　信息畸变下的故障定位仿真结果

预设故障	畸变位	$x(1)$	$x(2)$	$x(3)$	$x(4)$	$x(5)$	$x(6)$	$x(7)$	$\lambda(1)$	$\lambda(2)$	$\lambda(3)$	$\lambda(4)$	$\lambda(5)$	$\lambda(6)$	$\lambda(7)$	μ	KKT 值	故障区段	迭代次数
馈线2	S_1	0	1	0	0	0	0	0	2	0	0	0	0	0	0	0	$1.747\,76\times10^{-9}$	馈线2	10
馈线3	S_1	0	0	1	0	0	0	0	2	0	0	0	0	0	0	0	$4.365\,08\times10^{-9}$	馈线3	11
馈线3	S_2	0	0	1	0	0	0	0	2	0	0	0	0	0	0	0	$5.115\,43\times10^{-8}$	馈线3	10
馈线4	S_2	0	0	0	1	0	0	0	0	0	0	0	0	0	0	0	$9.954\,02\times10^{-11}$	馈线4	8
馈线4	S_3	0	0	0	1	0	0	0	0	0	2	0	0	0	0	0	$3.049\,73\times10^{-11}$	馈线4	8
馈线4	S_1、S_2	0	0	0	1	0	0	0	2	0	0	0	0	0	0	0	$3.445\,9\times10^{-9}$	馈线4	8
馈线4	S_1、S_3	0	0	0	1	0	0	0	0	0	2	0	0	0	0	0	$3.873\,37\times10^{-9}$	馈线4	8
馈线5	S_1、S_2	0	0	0	0	1	0	0	2	0	0	0	0	0	0	0	$1.168\,7\times10^{-9}$	馈线5	8
馈线5	S_1、S_3	0	0	0	0	1	0	0	0	0	2	0	0	0	0	0	$9.147\,91\times10^{-10}$	馈线5	8
馈线5	S_1、S_4	0	0	0	0	1	0	0	0	0	0	2	0	0	0	0	$1.270\,76\times10^{-8}$	馈线5	6
馈线5、7	S_2、S_3	0	0	0	0	1	0	1	2	4	4	0	0	0	0	0	$8.881\,78\times10^{-15}$	馈线5、7	7
馈线5、7	S_2、S_4	0	0	0	0	1	0	1	2	4	2	2	0	0	0	0	$2.942\,33\times10^{-8}$	馈线5、7	8
馈线5、7	S_3、S_4	0	0	0	0	1	0	1	2	4	2	0	0	0	0	0	$6.306\,07\times10^{-14}$	馈线5、7	9
馈线5、7	S_1、S_2、S_3	0	0	0	0	1	0	1	4	4	0	0	0	0	0	0	$1.776\,36\times10^{-13}$	馈线5、7	7
馈线5、7	S_1、S_2、S_4	0	0	0	0	0	0	1	4	4	2	2	0	0	0	0	$1.065\,81\times10^{-14}$	馈线5、7	7

　　观察定位出故障区段时算法的 KKT 值,易于看出其满足式(8-4)目标函数获得极值时的 KKT 条件。另外,在 5 种预设故障下,找到故障区段时算法的迭代次数不超过 11 次,表明算法搜索效率高。同时与无信息畸变情况下的算法迭代次数相比基本保持不变,显示算法具有很好的稳定性。

8.6 配电网馈线故障辨识的辅助因子工程技术方案

8.6.1 配电网故障定位装置的技术方案

配电网馈线故障辨识的辅助因子方法的技术方案是：一种配电网故障在线智能诊断系统，包括电网监测模块、数据传输模块、信息处理模块、故障诊断模块和管理控制模块，电网监测模块的输入端与配电网相连接，电网监测模块的输出端与数据传输模块相连接，数据传输模块的输出端与信息处理模块的输入端相连接，信息处理模块的输出端与故障诊断模块的输入端相连接，数据传输模块、信息处理模块、故障诊断模块的输出端均与管理控制模块相连接。

电网监测模块包括电流监测模块和网络拓扑监测模块，电流监测模块、网络拓扑监测模块的输入端均与配电网相连接，电流监测模块与网络拓扑监测模块相连接，电流监测模块、网络拓扑监测模块的输出端与数据传输模块相连接。

电流监测模块采用 FTU 监控终端实现，电流监测模块安装于配电网各馈线的自动化开关处，电流监测模块用于监测馈线节点的工频故障过电流。

网络拓扑监测模块采用 16 位微控制器 MAXQ2000 实现。

数据传输模块通过 FTU 区域工作站实现，数据传输模块包含光缆通信网络和若干个并行光缆通信接口。

信息处理模块包括逻辑比较器、时钟同步装置、DSP 和存储设备，逻辑比较器输入端与数据传输模块相连接，逻辑比较器输出端与存储设备、DSP 相连接，DSP 与时钟同步装置、故障诊断模块相连接，时钟同步装置与管理控制模块相连接。

逻辑比较器用于电流越限信息的生成；时钟同步装置采用电子计数器实现，为电网监测模块的电流监测模块的电流信号采集提供周期同步控制信号；DSP 基于数据传输模块共享的电流与节点连接、动作信息，建立配电网全网拓扑结构连接关系集及因果关联设备集；存储设备采用 ROM 实现，用于电流越限信息集和配电网拓扑辨识结果的存储。

故障诊断模块采用 DSP 和基于故障辅助因子的非线性方程组模型及牛顿-拉夫逊算法，实现对 FTU 的状态评估和配电网馈线区段定位。

管理控制模块采用高性能计算机并基于 Windows 的可视化平台实现。

有益效果：所述的配电网馈线故障区段辨识技术方案采用馈线拓扑的就

地监测和区域整合的方案,可简单高效地实现配电网拓扑的动态追踪,进行配电网故障定位时,利用 DSP 采用代数关系描述和逼近关系建模,并采用具有二阶收敛特性的牛顿－拉夫逊法求解决策,在进行配电网故障定位时具有效率高、容错性强、对多重故障适应性强、数值稳定性好等特点,可应用于大规模配电网的在线短路故障诊断,同时,故障诊断模块利用故障位置和拉格朗日乘子信息能够实现 FTU 信息畸变位置的准确辨识,为 FTU 的状态检修提供了理论指导。

8.6.2 配电网故障定位装置的具体实施方式

为了更清楚地说明上述配电网馈线故障区段辨识技术中的技术方案,下面将结合图 8-1 和图 8-2 进行具体实施方式的进一步阐述。

8.6.2.1 实施例 1

如图 8-1 所示,一种配电网故障在线智能诊断系统包括电网监测模块 1、数据传输模块 2、信息处理模块 3、故障诊断模块 4 和管理控制模块 5,电网监测模块 1 的输入端与配电网 6 相连接,电网监测模块 1 的输出端与数据传输模块 2 的输入端相连接,数据传输模块 2 的输出端与信息处理模块 3 的输入端相连接,信息处理模块 3 的输出端与故障诊断模块 4 的输入端相连接,数据传输模块 2、信息处理模块 3、故障诊断模块 4 的输出端均与管理控制模块 5 相连接。

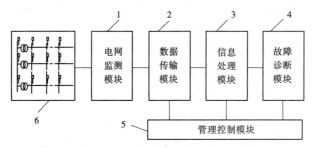

图 8-1　配电网馈线故障定位装置实施例 1

工作过程:电网监测装置 1 动态检测配电网 6 的监测点的电流和配电网的拓扑结构变化情况,若存在故障过电流或拓扑结构变化情况,通过数据传输模块 2 将故障过电流或拓扑结构变化情况上传至信息处理模块 3 实现信息共享;信息处理模块 3 通过信息处理装置自动形成配电网全网拓扑结构连接关系集及因果关联设备集,并将其上传至故障诊断模块 4;故障诊断模块 4 通过基于故障辅助因子的配电网故障定位算法找出馈线故障位置和拉格朗日乘子的值,基于拉格朗日乘子法和故障位置信息辨识出有潜在缺陷的 FTU 位置,实现对 FTU 的状态评估,并将其上传至管理控制模块 5;管理控制模块 5 依据故障诊断模块 4 的定位结果和缺陷 FTU 状态评估结果,发出故障隔离指令,隔离馈线故障,并生成资源抢修调度和工作票,完成线路的故障检修和 FTU 缺陷装置的状态检修。

8.6.2.2 实施例 2

如图 8-2 所示,一种配电网故障在线智能诊断系统包括电网监测模块 1、数据传输模块 2、信息处理模块 3、故障诊断模块 4 和管理控制模块 5,电网监测模块 1 的输入端与配电网 6 相连接,电网监测模块 1 的输出端与数据传输模块 2 的输入端相连接,数据传输模块 2 的输出端与信息处理模块 3 的输入端相连接,信息处理模块 3 的输出端与故障诊断模块 4 的输入端相连接,数据传输模块 2、信息处理模块 3、故障诊断模块 4 的输出端均与管理控制模块 5 相连接。

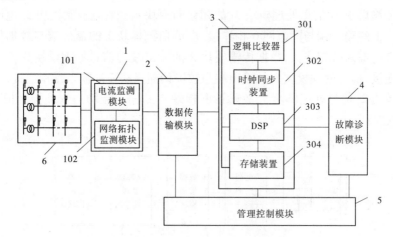

图 8-2 配电网馈线故障定位装置实施例 2

电网监测模块 1 包括电流监测模块 101 和网络拓扑监测模块 102,电流监测模块 101、网络拓扑监测模块 102 的输入端与配电网 6 相连接,电流监测模块 101 与网络拓扑监测模块 102 相互连接,电流监测模块 101、网络拓扑监测模块 102 的输出端与数据传输模块 2 相连接。

电流监测模块 101 采用 FTU 监控终端实现,并安装于配电网各馈线自动化开关处,用于监测馈线节点的工频故障过电流。网络拓扑监测模块 102 采用 16 位微控制器 MAXQ2000 实现,优势在于可依据需要进行动态程序修改并支持高效快速地处理数据,与 FTU 监控终端一起安装于配电网各馈线自动化开关处,用于监测馈线节点处自动化开关的动作与连接情况,高效追踪网络拓扑变化。

数据传输模块 2 通过 FTU 区域工作站实现,包含光缆通信网络和若干个并行光缆通信接口。数据传输模块 2 采用通用的 SC11801、CDT、DNP、Modbus 和 μ4F 规约实现对信息处理模块的信息转发与共享。

信息处理模块 3 采用逻辑比较器 301、时钟同步装置 302、DSP303 和存储设备 304 共同实现。逻辑比较器 301 输入端与数据传输模块 2 相连接,逻辑比较器 301 输出端与存储设备 304、DSP303 相连,DSP303 与时钟同步装置302、故障诊断模块 4 相连,时钟同步装置 302 与管理控制模块 5 相连接。逻辑比较器 301 用于电流越限信息的生成,时钟同步装置 302 采用电子计数器实现,为电流监测模块的电流信号采集提供周期同步控制信号。DSP303 利用其高速的信号处理特性,基于数据传输模块共享的电流与节点的连接与动作信息,采用图论邻接矩阵描述,建立配电网全网拓扑结构连接关系集及因果关联设备集。存储设备 304 采用 ROM 实现,用于电流越限信息集和配电网拓扑辨识结果的存储。

故障诊断模块 4 采用 DSP 实现,采用基于故障辅助因子的非线性方程组模型和牛顿－拉夫逊 2 阶收敛迭代算法实现,从而得到故障定位结果,基于拉格朗日乘子法和故障位置信息辨识出有潜在缺陷的 FTU 位置,实现对 FTU 的状态评估。

管理控制模块 5 采用高性能计算机并基于 Windows 的可视化平台实现,利用 VC＋＋编程完成其控制和管理功能。控制功能主要实现电流参考量、FTU 地址和节点编号的设置,配电网故障隔离等远程动作控制指令的发出,信息的主动读取;管理功能主要实现潜在缺陷 FTU 状态检修计划的生成与执行。

8.7 本章小结

针对智能配电网背景下基于智能化终端设备 FTU 的馈线故障的在线故障定位问题,围绕着配电网馈线故障辨识的辅助因子技术,本章主要做了以下工作:

(1)针对基于辅助因子的配电网故障定位数学模型,详细阐述了建模基本思想、模型参数确定和编码、基于代数关系描述的开关函数模型构建方法;

详细论述了配电网故障定位线性方程组数学模型构建方法,在此基础上基于互补约束等价转换思想提出配电网故障辨识的辅助因子技术;阐述了模型决策求解的牛顿－拉夫逊法。

(2)从理论上分析了配电网故障定位线性方程组模型的容错性和有效性,并通过典型的配电网进行仿真,验证模型在故障定位时的正确性和有效性。

(3)详细阐述了基于辅助因子的配电网故障定位数学模型工程技术方案,并进一步论述了配电网故障定位装置的具体实施方式。

参考文献

[1] 杜红卫,孙雅明,刘弘靖,等.基于遗传算法的配电网故障定位和隔离[J].电网技术,2000,25(5):52-55.

[2] 卫志农,何桦,郑玉平.配电网故障区间定位的高级遗传算法[J].中国电机工程学报,2002,22(4):127-130.

[3] 郭壮志,陈波,刘灿萍,等.基于遗传算法的配电网故障定位[J].电网技术,2007,31(11):88-92.

[4] 陈歆技,丁同奎,张钊.蚁群算法在配电网故障定位中的应用[J].电力系统自动化,2006,30(5):74-77.

[5] 郭壮志,吴杰康.配电网故障区间定位的仿电磁学算法[J].中国电机工程学报,2010,30(13):34-40.

[6] 郑涛,潘玉美,郭昆亚,等.基于免疫算法的配电网故障定位方法研究[J].电力系统继电保护与控制,2014,42(1):77-83.

[7] 付家才,陆青松.基于蝙蝠算法的配电网故障区间定位[J].电力系统继电保护与控制,2015,43(16):100-105.

[8] 刘蓓,汪沨,陈春,等.和声算法在含 DG 配电网故障定位中的应用[J].电工技术学报,2013,28(5):280-286.

[9] Ferris M C,Pang J S. Engineering and economic applications of complementarity problems[J]. SIAM Review,1997,39(4):669-713.

[10] Yin H X,Zhang J Z. Global convergence of a smooth approximation method for mathematical with complementarity constraints[J]. Mathematical Methods of Operations Research,2006,64:255-269.

[11] Huang Z H ,Qi L Q,Sun D F. Sub-quadratic convergence of a smoothing Newton algorithm for the P0 –and monotone LCP[J]. Mathematical Programming,2004,99(3):423-441.

[12] 令锋,傅守忠,陈树敏,等.数值计算方法[M].北京:国防工业出版社,2012.

第9章 总结与展望

9.1 结论与创新点

配电网故障定位作为馈线故障区域准确辨识和恢复用户供电的前提,是智能配电网建设的重要组成部分,对于提高配电系统自愈性和供电可靠性具有重要作用,因此研究快速高容错性馈线故障定位方法对于提高配电网运行可靠性和自愈性有重要作用。目前,国内外学者已提出众多类型的配电网故障定位方法,如故障测距、故障选线、故障区段定位等。随着智能化终端设备(FTU)在配电网中的大量应用,可以实时动态获取配电网运行信息,基于配电网运行状态信息的故障区段定位优化方法因原理简单、实现便捷、具有高容错性等,已成为学术界的研究热点。本书密切围绕智能配电网背景下基于智能化终端设备(FTU)的配电网馈线故障辨识的最优化技术,在论述配电网远方控制馈线自动化基础上开展馈线故障定位方法研究,研究内容包括配电网故障区段辨识的统一矩阵算法、群体优化技术、线性整数规划技术、互补优化技术、辅助因子技术五方面,主要成果如下:

(1)围绕着配电网馈线故障矩阵辨识技术的配电网拓扑结构建模、故障判定矩阵构建方法、故障定位算法等,在分析基于规格化处理的馈线故障统一矩阵算法的优势和不足的基础上借鉴其建模原理,提出含附加状态信息的配电网馈线故障统一矩阵新算法。所提出的改进矩阵算法,无须进行矩阵相乘运算,无须进行规格化处理,且能够实现对各种类型配电网单一故障、多重故障和末梢故障的定位与隔离。

(2)围绕着配电网馈线故障辨识群体优化技术的建模原理和求解方法,在对当前已有故障定位群体优化方法中故障定位原理、模型和算法分析的基础上,以单一故障为前提将等式约束条件隐含于适应度函数中,提出了基于遗传算法和仿电磁学算法的配电网馈线故障定位高容错性方法,在此基础上建立了配电网故障定位的统一数学模型,并运用广义分级的思想提高了配电网故障定位的效率。

(3)基于代数关系描述和最优化理论首次建立了配电网故障定位绝对值

新模型,通过等价转换进一步建立了含有 0-1 整数变量的故障定位线性整数规划模型,并采用分支定界法进行决策求解,所构建的故障定位模型和决策方法可应用于大规模配电网的故障定位中,故障辨识效率高且可避免误判和错判情况。

(4)通过馈线故障状态信息互补约束条件的构建,基于代数关系描述提出配电网故障定位互补约束新模型,互补约束条件实现离散优化空间向连续寻优空间的等价影射变换,可避开直接对离散变量的优化决策,能有效降低故障定位模型在优化决策时的复杂性,构建的故障定位模型和决策方法适用于大规模配电网的馈线故障定位问题。

(5)基于故障辅助因子构建了馈线区段辨识非线性方程组模型,并采用具有并行特征的牛顿-拉夫逊算法进行求解,其对报警信息畸变的情况具有强适应性,利用其进行故障定位时具有高的容错性能,能够对配电网多重馈线故障区段进行准确辨识,在单一故障下可准确辨识出信息畸变位置,对于自动化设备的维护具有指导作用。

9.2 有待进一步研究的内容

虽然本书基于最优化理论和代数关系描述建立了具有高容错性、强数值稳定性、多重故障定位能力且适合于大规模配电网的馈线故障辨识的最优化技术,但仍然还有以下关键技术问题需要进一步研究:

(1)所建故障定位模型仅采用基于智能化终端设备(FTU)的过电流报警信息单一信息源作为故障定位模型的建模基础,虽然通过有效的故障定位模型构建可提高馈线故障辨识的准确性,但无法避免各种信息畸变情况下的信息畸变问题,因此有待进一步研究基于多源信息的配电网馈线故障区段辨识的最优化技术。

(2)随着移动式负荷和可中断负荷等主动负荷的大规模接入配电网,配电网潮流分布随机性更强,如何考虑随机性对配电网馈线故障辨识结果的影响是有待进一步研究的内容。

(3)配电网故障定位辨识的最优化技术的决策算法还存在决策过程复杂、决策效率还有待进一步提高的不足,因此更加有效的决策算法有待进一步研究。